கலீலியோ கலிலி

மதத்தை வென்ற மாமனிதன்

குகன்

We Can Books

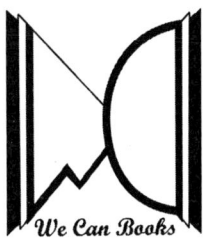

கலீலியோ கலீலி

குகன்

முதற் பதிப்பு: அக்டோபர் 2023

அட்டை வடிவமைப்பு: வி. தனலட்சுமி

வி கேன் புக்ஸ் வெளியீட்டு எண்: 20

WE CAN BOOKS (Imprint of WE CAN SHOPPING)

OFFICE :

3A, Dr. Ram Street, Nelvayal Nagar,
Perambur, Chennai - 600 011.
Cell: 9003267399

SHOW ROOM:

Flat No.3 (Ground Floor),
Meenakshi Sundaram Flats
Old Door No.11, New Door No. 33
Sivaji Street, T.Nagar, Chennai - 600 017.
Cell: 9940448599
E-mail:wecanshopping@gmail.com
website: www.wecanshopping.com

ISBN: 978-81-962080-4-2

பக்கம்: 72

விலை: ரூ. 80

உள்ளே

1. அரிஸ்ட்டாட்டில் செய்த தவறு — 5
2. பிறந்தேன் வளர்ந்தேன் — 8
3. பென்டுலம் — 13
4. வேலை கிடைச்சாச்சு — 19
5. படுவா பல்கலைக்கழகம் — 23
6. மரினா கெம்பா — 28
7. பார் மகளே பார் — 32
8. நண்பா! நண்பா!! — 35
9. டெலஸ்கோப் — 37
10. இன்னும் சில கண்டுபிடிப்புகள் — 42
11. கோப்பர்னியன் தியரி — 45
12. ஆலயக் குற்றச்சாட்டு — 48
13. போப் நண்பர் — 52
14. மீண்டுமொரு குற்றச்சாட்டு — 57
15. கலீலியோவும், கெப்ளரும் — 65

1. அரிஸ்டாட்டில் செய்த தவறு

பைஸா பல்கலைக்கழகம். இத்தாலியில் அமைந்துள்ள அப்பல்கலைக்கழகத்தில் கணிதப் பேராசிரியராகப் பணிபுரிந்து கொண்டு இருந்தவருக்கு 'ஃபிஸிக்ஸ்' எனப்படும் 'இயற்பியல்' பாடத்தில் மிகுந்த ஆர்வம். அதனால், இயற்பியல் தொடர்பாகப் பல்வேறு ஆசிரியர்கள் எழுதிய நூல்களையும் அவர் தேடிப் பிடித்துப் படிப்பார். படித்ததோடு நிறுத்தாமல் பல பரிசோதனைகளையும் செய்து பல்வேறு புதிய உண்மைகளைக் கண்டறிந்து வந்தார்.

அந்தப் பேராசிரியர் படித்த நூல்களில் தத்துவ மேதை அரிஸ்ட்டாட்டிலின் நூல்களும் அடங்கும். அரிஸ்ட்டாட்டில்... எங்கேயோ கேட்ட பெயர் போல் உள்ளதா...? அரிஸ்ட்டாட்டில் ப்ளூட்டோவின் மாணவர். மாஸிடோனியா மன்னனுடைய அரசவையின் மருத்துவர். 'அலெக்ஸாண்டர் தி கிரேட்' என்று அழைக்கப்பட்ட மாவீரன் அலெக்ஸாண்டரின் ஆசிரியர். ஆம்! அதே அரிஸ்ட்டாட்டில்தான்.

தனது ஆராய்ச்சியில் அறிவியல் அறிஞர் என்று கருதப்பட்ட அரிஸ்ட்டாட்டிலின் பல கருத்துக்கள் தவறாக

இருந்ததெனக் கண்டறிகிறார். அப்படி என்னதான் தவறான கருத்தை அரிஸ்ட்டாட்டில் கூறியிருந்தார்? கனமான பொருள்கள் எல்லாம் கனம் குறைந்த பொருள்களைவிட விரைவாகப் பூமியை வந்தடையும் தன்மையுடையவை என்றும் அவை பூமிக்கு வந்து சேரும் நேரம் அவற்றின் கனங்களின், அதவாது பளுவின் வேற்றுமையைப் பொறுத்துள்ளதென்றும் அரிஸ்ட்டாட்டில் கூறியிருந்தார்.

அவர் ஏன் அப்படிக் கூறினார் என்று அந்தப் பேராசிரியர் யூகித்தார். கல் போன்ற கனமான பொருளும், இலைச் சருகு போன்ற மெல்லிய எடையுள்ள பொருளும் மேலிருந்து கீழே பூமியை நோக்கி வந்து வீழ்ந்ததை அரிஸ்ட்டாட்டில் பார்த்திருப்பார். அப்போது இலைச் சருகு மெல்ல வந்து பூமியில் விழுந்திருக்கும். கல் போன்ற கனமான பொருட்கள் வேகமாக வந்து பூமியில் விழுவதை அவர் கண்டிருப்பார். இதைப் பார்த்ததும் கனமான பொருட்கள் எல்லாம் கனம் குறைந்த பொருட்களை விட வேகமாக வந்து கீழே விழும் தன்மை கொண்டதென்று அவசர முடிவுக்கு வந்திருப்பார். அதைத் தனது நூலிலும் குறிப்பிட்டிருப்பார். மேலிருந்து கீழே பொருள் விழும்போது காற்றினால் ஏற்படும் தடையைப் பற்றி அரிஸ்ட்டாட்டில் சிந்திக்காமல் இருந்தது அந்தப் பேராசிரியருக்கு வியப்பாக இருந்தது. காற்றினால் தடை ஏற்பட்டால் மெல்லிய எடையுள்ள பொருள், கனமான பொருளைவிடத் தாமதமாக பூமிக்கு வந்து அடைந்திருக்கும்.

அரிஸ்ட்டாட்டிலின் இந்தக் கருத்தைச் சோதித்துப் பார்க்க நமது பேராசிரியர் ஒரு கிலோ எடையுள்ள கல்லையும், ஐந்து கிலோ எடையுள்ள கல்லையும் ஒரே சமயத்தில் கீழே போட்டார். இரண்டும் ஒரே நேரத்தில் கீழே வந்து விழுந்தது. இதனால் அரிஸ்ட்டாட்டில் அவர் சோதனையில் செய்த தவறைச் சுட்டிக் காட்டினார். அதை நிரூபித்துக் காட்டவும் முடிவெடுத்தார்.

அந்த ஆராய்ச்சியின் கண்டுபிடிப்பைச் சக ஆசிரியர்களிடம் பகிர்ந்துகொண்டார். இவருடைய கருத்தைக் கேட்ட சக ஆசிரியர்கள் "கணித மாமேதையின் கருத்தை இவன் தவறென்று கூறுவதா?" என ஏசினர். ஒரு சிலர் அந்தப் பேராசிரியரை எள்ளி நகைத்தனர். தன்னை எள்ளி நகைத்தவர்களைப் பார்த்து, தன் கண்டுபிடிப்பை நிரூபிக்கத் தயாரென்று சவாலும் விட்டார். கணித மாமேதை அரிஸ்ட்டாட்டில் செய்த தவறுகளை நிரூபித்துக் காட்டும் தைரியமும், தன்னம்பிக்கையும் அந்தப் பேராசிரியரிடம் இருந்தது.

தனது கண்டுபிடிப்பால் பாராட்டுக்குப் பதிலாக அவமானத்தையும், தண்டனையையும் தன் வாழ்நாள் முழுக்கப் பெற்றவர். பல எதிர்ப்புகளுக்கு நடுவில் பரிசோதனையை நடத்தியவர், அதற்குப் பரிசாகச் சிறையில் அடைக்கப்பட்டவர், தன் அறிவாற்றலால் விருதுக்குப் பதிலாக வெறுப்பை மட்டுமே சம்பாதித்தவர், இதையெல்லாம் பற்றிக் கவலைப்படமால் தன் பணிகளைத் துணிச்சலாகச் செய்தவர். அந்தப் பேராசிரியரின் பெயர்தான் "கலீலியோ கலிலி".

2. பிறந்தேன் வளர்ந்தேன்

உலகத்தின் ஏழு அதிசயங்களில் ஒன்றாகக் கருதப்படுவது 'சாய்வுக் கோபுரம்'. அந்தக் கோபுரம் பைஸா நகரத்தில் இருப்பதால் அதைப் 'பைஸா கோபுரம்' என்றுகூட பலர் அழைப்பார்கள்.

அந்த நகரத்தில் வாழ்பவர்தான் வின்சென்ஸிகோ கலீலியோ. பாஸியா நகரத்தில் பிறந்த கிலியா அம்மன்னடி என்ற பெண்மணியை 1563ஆம் ஆண்டு திருமணம் செய்து கொண்டார். அவர்களின் இல்லற வாழ்க்கையை மகிழ்ச்சியூட்டும் வகையில் மூத்த மகனாக கலீலியோ கலீலி 1564–ஆம் ஆண்டு பிறந்தார். கலீலி என்பதுதான் அவருடைய உண்மையான பெயர். கலீலியோ என்பது அவருடைய குடும்பப் பெயர். குடும்பப் பெயரை வைத்து அவரை அழைத்ததால், பிற்காலத்தில் அதுவே அவர் பெயராகவும் மாறியது.

கலீலியோவின் தந்தை வின்சென்ஸிகோ கலீலியோ மேட்டுக்குடியில் பிறந்து வளர்ந்தவராக இருந்தாலும் வசதியானவர் இல்லை. இசைப் பாடல் புனைவதிலும், பாடல்களுக்கு இசையமைப்பதிலும் அவர் வல்லவராகத் திகழ்ந்தார்.

கலீலியோவின் தந்தை வின்சென்ஸிகோ கலீலியோ–1520 ஆம் ஆண்டு, ப்ளாரன்ஸ் நகரத்தில் பிறந்தவர். அவருடைய பொருளாதாரச் சூழ்நிலையால், 1560 ஆம் ஆண்டில் பைசா நகருக்குப் பிழைக்க வந்தார். இசைக் கருவிகளைக் கற்றுக்கொள்வதற்கு முன் அதைப் பற்றிய சித்தாந்த அறிவு இருக்க வேண்டுமென்று கூறுவார். அதனால், பல இசைக் கருவிகளைப் பற்றி புத்தகங்கள் எழுதியுள்ளார். சித்தாந்த அறிவு இல்லாமல் எந்த ஒரு இசைக் கருவியையும் முழுமையாக கற்க முடியாதென்பது வின்சென்ஸிகோவின் நம்பிக்கை. வின்சென்ஸிகோவின் இந்தப் பழக்கத்தைத்தான் கலீலியோவுக்கும் போதித்தார். அதனால்தான் கலீலியோ பரிசோதனை செய்வதற்கு முன்பு பல புத்தகங்களைப் படிப்பார். அதன்பிறகு தன் ஆராய்ச்சி முதலான காரியங்களில் இறங்குவார்.

இசையால் கிடைத்த வருவாய் போதுமென்ற மனநிறைவு இருந்ததால் வின்சென்ஸிகோவும், அவருடைய மனைவியும் சந்தோஷமாக வாழ்ந்தனர்.

கலீலியோ பிறந்த பிறகு அவர்களுக்கு மேலும் ஐந்து குழந்தைகள் பிறந்தன. கலீலியோவுக்கு எட்டு வயதாக இருக்கும்போது அவரது குடும்பத்தினர் ப்ளாரன்ஸ் நகரத்திற்குக் குடி பெயர்ந்தனர். என்றாலும், கலீலியோ தன் குடும்பத்தினருடன் ப்ளாரன்ஸ் நகருக்குப் போகவில்லை. பைஸா நகரத்தில் இருந்து படித்துக்கொண்டு இருந்தார். இரண்டு வருடங்கள் கழித்து, அவருக்குப் பத்து வயது இருக்கும் போது தன் தாய் வழிச் சொந்தமான முசியோ டெடல்டி என்பவருடன் ப்ளாரன்ஸ் நகருக்குச் சென்றார். முசியோ டெடல்டி கலீலியோவிடம் மிகுந்த அன்புடையவர். அவர் கலீலியோ குடும்பத்திற்குப் பல முறை உதவிகள் செய்துள்ளார்.

ப்ளாரன்ஸ் நகரம் 9000 சதுரஅடி நிலப்பரப்பில் அமைந்த நகரம். அது ரோமின் வடக்குப் பகுதியில்

உள்ளது. காஸிமோ–டி–மெடிசி என்பவர் ஆட்சிப் பொறுப்பின் கீழ் அது அமைந்திருந்தது. ப்ளாரன்ஸ் நகர வாழ்க்கை கலீலியோவுக்கு மிகவும் பிடித்திருந்தது. ஜகபோ போர்கினி என்பவர் கலீலியோவிற்கு வீட்டில் வந்து பாடங்கள் எடுத்துக்கொண்டு இருந்தார். அதன்பின், அவருடைய பெற்றோர் கலீலியோவை கணிதம், சமயம், இசை கற்க வேண்டி பள்ளிக்கு அனுப்பிப் படிக்க வைக்க நினைத்தனர்.

1575 ஆம் ஆண்டு, கலீலியோவை ப்ளாரன்ஸ் நகரத்தில் இருந்து தென்கிழக்குத் திசையில் இருக்கும் ஒரு பள்ளியில் சேர்த்தனர். கலீலியோவின் வீட்டிலிருந்து *33* கிலோ மிட்டர் தொலைவில் அது இருக்கும். தினமும் அவ்வளவு தொலைவில் இருக்கும் பள்ளிக்குச் சென்றுதான் படிப்பார். பள்ளிப் படிப்பில் அவருக்கு மிகுந்த விருப்பமுள்ள பாடம் கணிதம்தான்.

கலீலியோ சிறுவயதில் இருந்த போதே மிகச்சிறந்த சிந்தனையாளராக இருந்தார். காலை, மாலை என்று என்னவாக இருந்தாலும் வானத்தைப் பார்த்துக்கொண்டு இருப்பது கலீலியோவுக்குப் பிடிக்கும். அதுவும் மாலை மறைந்து இரவு வந்தால் போதும் அவர் மனதில் மகிழ்ச்சி அலைமோதும். வீட்டில் ஓர் ஒதுக்குப்புறத்தில் அமர்ந்து விண்மீன்களையும், நிலவையும் மணிக்கணக்கில் உற்றுப் பார்த்துக் கொண்டு ரசிப்பார். இந்த உலகத்தையே அதனால் மறந்தும் விடுவார். பார்ப்பவர்களுக்கு கலீலியோ விண்ணோடும், விண்மீண்களோடும் மௌன மொழியில் பேசுவது போல் தோன்றும். இவர் செயலைப் பார்க்கும் போது பெரிய கவிஞனாக வருவார் என்றுகூடப் பலரும் கருதினர்.

தொடக்கத்தில் கலீலியோ சமயக் கல்வி படித்தாலும், அதில் தொடர்ந்து படிக்க அவருக்கு விருப்பமில்லை. கணிதப் பாடத்தைத்தான் விரும்பிப் படிப்பார். கணிதப்

பாடத்தைப் படித்து அது சார்ந்த வேலையைச் செய்ய வேண்டும் என்பதுதான் அவருடைய விருப்பமாகவும் இருந்தது. தன் விருப்பத்தை கலீலியோ தந்தையிடம் கூறினார். கலீலியோவின் விருப்பத்தைக் கேட்ட வின்சென்ஸிகோவுக்கு வருத்தமாக இருந்தது.

அக்காலத்தில் கணிதத்திற்கென்று சிறப்பான வேலைகள் என்பது கிடையாது. இதையறிந்த வின்சென்ஸிகோ கலீலியோவிடம் "நீ கற்க விரும்பும் கல்வி உனக்கு வருவாயை எற்படுத்திக் கொடுக்காது. கணிதம் கற்பவர்களுக்கு நாட்டில் மதிப்பும் இல்லை; வேலை வாய்ப்பும் இல்லை. கணிதம் கற்றால் வாழ்நாள் முழுக்க வறுமையில்தான் வாட வேண்டியது இருக்கும். தயவுசெய்து கணிதம் படிக்கிற ஆசையை விட்டுவிடு" என்று அறிவுரைகள் கூறினார்.

கலீலியோ சற்று நேரம் யோசித்தார். தன் ஆர்வத்தை விட்டுக் கொடுக்கவும் மனமில்லை. அதே சமயம் தந்தை சொல்வதில் இருந்த உண்மையும் கலீலியோவுக்குப் புரிந்தது.

அவர் மனதுக்குள் பல கேள்விகள் எழுந்தது. கணிதப் படிப்பு வேண்டுமா? வேண்டாமா? என்ற பட்டிமன்றமே தனக்குள் நடத்தினார்.

இறுதியில், தன் தந்தையிடம் "நான் உங்கள் விருப்பப்படி கணிதம் படிக்கும் எண்ணத்தைக் கைவிடுகிறேன்" என்றார். கலீலியோவின் முடிவைக் கேட்டதும் வின்சென்ஸிகோ மிகவும் சந்தோஷப்பட்டார்.

"நான் என்ன படிக்கலாமென்று நீங்களே கூறுங்கள்" என்று தன் படிப்பைத் தீர்மானிக்கும் உரிமையைத் தந்தை யிடமே கொடுத்துவிட்டார்.

அதன்பின் தன் மகனிடம் "எதிர்காலத்தில் வசதியாக வாழ வேண்டுமென்றால் மருத்துவம் நல்ல படிப்பு.

அதை நீ அதைப் படித்தால் சிறந்தும் விளங்கலாம்" என்றார். தந்தையின் சொல்லைக் கேட்பதென்று முடிவை எடுத்த பிறகு எந்தப் படிப்பு படித்தால் என்னவென்று கலீலியோ அவர் விருப்பத்திற்குச் சம்மதம் தெரிவித்தார். வின்சென்ஸிகோவின் விருப்பப்படி 1581 ஆம் ஆண்டு, மருத்துவப் படிப்பு படிக்க கலீலியோ பைஸா பல்கலைக்கழகத்தில் சேர்ந்தார். அவர் மனதில் கணிதத்தைப் படிக்க முடியாமல் போன ஏக்கம் இருந்து கொண்டுதான் இருந்தது. அப்போது அவருக்கு வயது பதினேழு!!

3. பென்டுலம்

விருப்பமில்லாத மனைவி மீதும், பிடிக்காத படிப்பு மீதும் யாருக்கும் எப்போதும் ஈடுபாடு வராது. கலீலியோவும் அப்படித்தான். தந்தையின் வார்த்தைகளுக்கு மதிப்பு கொடுத்து மருத்துவப் படிப்பில் சேர்ந்தாலும், அந்தப் படிப்பில் அவரால் முழுக் கவனத்தையும் செலுத்த முடியவில்லை. தன் விருப்பப் பாடமான கணிதத்தை விட்டுக் கொடுக்க மனமுமில்லை. அதனால், தனக்குக் கிடைத்த ஓய்வு நேரத்தில் கணித சம்மந்தமான புத்தகங்களைப் படித்துக்கொண்டு இருந்தார்.

அந்தச் சமயத்தில்தான் கலீலியோவுக்கு அரிஸ்ட்டாட்டில் எழுதிய இயற்பியல் தொடர்பான நூல்களைப் படிக்க வாய்ப்பு கிடைத்தது. அரிஸ்ட்டாட்டில் தன் இயற்பியல் ஆராய்ச்சியில் பல தவறுகளைச் செய்திருந்ததையும் (முதல் அத்தியாயம்) அப்போதுதான் கலீலியோ கண்டுபிடித்தார். இதை கலீலியோ வெளியே சொல்லாமல் இருந்திருக்கலாம். அதை மற்றவர்களுடன் பகிர்ந்துகொள்ளும்போதுதான் அவருக்குப் பிரச்சனைகள் வந்தன. ஏனென்றால், உயிரியல், வானியல், இயற்பியல் ஆகியவற்றைப் பற்றி அரிஸ்ட்டாட்டில் எழுதிய

அனைத்தையும் 1500 வருடங்களாகக் கற்று வந்தனர். அதுமட்டுமில்லாமல் அதைக் கண் மூடித்தனமாக நம்பி அப்படியே ஆதரித்தும் வந்தார்கள். அதனால், பல தவறான கோட்பாடுகள் உண்மையானவை என்றே ஏற்றுக் கொள்ளப்பட்டு வந்தன. இந்த மனப் போக்கை நீடிக்கக் கூடாதென்று நினைத்த கலீலியோ அரிஸ்ட்டாட்டிலின் தவறுகளைப் பகிரங்கமாக எடுத்துச் சொன்னார்.

இதனால், கணிதம், இயற்பியல் போன்ற புத்தகங்களை கலீலியோ இரகசியமாகப் படித்து வந்த விஷயம் வெளியே தெரிய வந்தது. மருத்துவம் படிக்கும் மாணவன் கணிதத்தையும், இயற்பியலையும் படித்து வருவது சக மாணவர்களுக்கு ஆச்சரியமாக இருந்தது. அதே சமயம் பேராசிரியர்களுக்கு வெறுப்பும் ஏற்பட்டது. மருத்துவப் படிப்பு படிக்கும் மாணவன் தனக்குத் தொடர்பில்லாத கணிதப் பாடத்தைப் படிப்பதை அவர்களால் ஏற்றுக்கொள்ள முடியவில்லை. அதுவும், அரிஸ்ட்டாட்டிலின் கருத்துகளில் தவறுகள் இருந்ததையும், அதைச் சுட்டிக் காட்டியதையும் அவர்களால் தாங்கிக்கொள்ள முடியவில்லை. கலீலியோ கணிதம் படிப்பதை, அவரின் தந்தை வின்சென்ஸிகோவுக்குப் பேராசிரியர்கள் கடிதத்தின் மூலம் தெரியப்படுத்தினார்கள்.

அக்கடிதத்தைப் படித்ததும் வின்சென்ஸிகோ மிகுந்த மனவேதனை அடைந்தார். தன் மகனுக்கு அறிவுரைகளும் கூறிக் கடிதம் எழுதினார். என்னதான் அறிவுரையும், மிரட்டலும் இருந்தாலும் கலீலியோ விரும்பியதைச் செய்து கொண்டுதான் இருந்தார். பல வருடங்களாக நம்பிய விஷயத்தை, ஒரு கனத்தில் மாற்றுவதென்பது கடினமென்று தனக்குள் நினைத்தார். அதனால், தன் கண்டுபிடிப்புகளை வெளியே சொல்லுவதற்கு இது சரியான சமயமில்லை என்றும் உணர்ந்தார்.

◆ ◆ ◆

அது ஒரு காலைப்பொழுது. பைஸா நகரத்தின் மாதா கோவில். எப்போதும் போல கலீலியோ அன்றும் பிராத்தனைக்காகச் சென்றிருந்தார். வழக்கம் போல் பிராத்தனையில் தன்னை மறந்து இறைவனை வணங்கிக்கொண்டு இருந்தார். திருக்கோவிலிலே மிகவும் அமைதி குடிகொண்டிருந்தது. கலீலியோ ஆழ்ந்த பிரார்த்தனையில் ஈடுபட்டுக் கொண்டு இருக்கும்போது திருக்கோவிலில் நீளமான சங்கிலிகளால் கட்டப்பட்ட விளக்குகளை ஆட்டினார். சங்கிலியால் ஏற்பட்ட ஒலியானது பிராத்தனையில் ஈடுபட்டிருந்த கலீலியோவின் கவனத்தை ஈர்த்தது.

பிரார்த்தனையை மறந்த கலீலியோ ஆலயத்தின் விளக்குகளை கவனத்துடன் உற்றுப்பார்த்தார். சங்கிலியால் கட்டப்பட்ட விளக்கின் ஊசலாட்டத்தை கவனிக்கவும் தொடங்கினார். சிறிது நேரம் கழித்து விளக்கின் ஊசலாட்டம் குறையத் தொடங்கியது. நேரமாக ஆக ஊசலாட்டத்தின் தூரம் குறைந்தது. ஆனால், ஊசலாட்டத்திற்கு எடுத்துக்கொள்ளும் காலஅளவு மட்டும் சிறிதும் மாறவில்லை. கலீலியோ இதை மிகக் கவனமாக கவனித்தார். எப்படிக் கால அளவு குறையவில்லை என்று யோசிக்கவும் தொடங்கினார்.

பிரார்த்தனை முடிந்து வீடு திரும்பியதும் கலீலியோவுக்கு அதே சிந்தனைதான் மனதில் ஓடிக்கொண்டு இருந்தது. எதனால் ஊசலாட்டத்தின் காலஅளவு ஒரே மாதிரி உள்ளதென்று தனக்குள்ளே கேள்விகள் கேட்டுக் கொண்டார். மாதா கோவிலில் தான் கண்டதைப் பரிசோதனை செய்து பார்க்க நினைத்தார். அதற்கான முயற்சியையும் தொடங்கினார்.

சம எடையுள்ள இரண்டு சிறிய குண்டுகளை எடுத்துக்கொண்டார். அந்தக் குண்டுகளைச் சம நீளமுள்ள நூல்களில் இணைத்துக் கட்டினார். இரண்டு குண்டுகளை

ஒரே சமயத்தில் ஊசலாட்டினார். இரண்டு குண்டுகளில் ஊசலாட்டத்தைத் தனித்தனியே எண்ணத் தொடங்கினார். இரண்டு குண்டுகளின் ஊசல்களும் ஆடி ஓய்ந்த பிறகு தனித்தனியே எண்ணிய எண்ணிக்கைகளை ஒப்பிட்டுப் பார்த்தார். அதன்பின், இரண்டு குண்டுகளைக் கட்டி வைத்த கயிறின்நீளத்தைச் சம அளவில் அதிகரித்தார். முதலில் செய்த அதே பரிசோதனையை மீண்டும் செய்து பார்த்தார். இப்படிக் கயிறின் நீளத்தை அதிகரித்து ஒவ்வொரு முறையும் பரிசோதனைகள் செய்தார்.

ஒவ்வொரு பரிசோதனையிலும் குண்டுகளின் ஊசலாட்டத்தைப் பற்றிக் குறிப்பெடுத்த எண்களை ஒப்பிட்டதில், ஓர் அறிவியல் உண்மையைக் கண்டறிந்தார். அது அறிவியல் தத்துவமாகக் கருதப்பட்டது.

“ஒரு குறிப்பிட்ட நீளமுடைய ஓர் ஊசல் ஒரு குறிபிட்ட நேரமே ஆடிகிறது. அவ்வாறு ஆடும் ஆட்டத்தின் வீச்சு

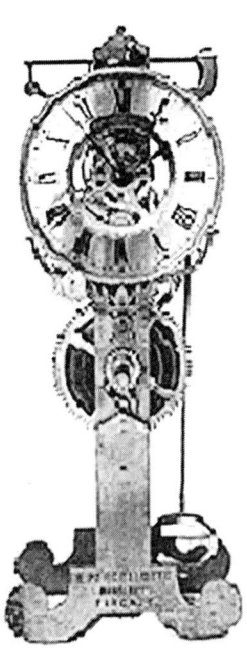

பெரிதாக இருந்தாலும் சிறிதாக இருந்தாலும் அந்த ஆட்டத்தின் காலஅளவு ஒன்றாகவே இருக்கும்".

இந்த நிகழ்ச்சிதான் கலீலியோவை மென்மேலும் சிந்திக்கத் தூண்டியது.

பெண்டுலத்தில் ஊசல் ஒரே கால அளவில் ஆடுவதால் இதை நேரம் பார்க்கப் பயன்படுத்தினால் என்னவென்று அவருக்குப் பிற்காலத்தில் தோன்றியது. அதன்பின், இந்தப் பெண்டுலத் தத்துவத்தைப் பயன்படுத்தி நேரம் பார்ப்பதற்கு வடிவம் அமைத்தனர். இன்று, நாம் பயன்படுத்தும் ஊசலாடும் கடிகாரம் (Pendulum Wall Clock) அவருடைய தத்துவத்தை அடிப்படையாகக் கொண்டு அமைந்ததுதான்.

அது சரி! தன் ஆராய்ச்சியின் மூலம் பெண்டுலத்தைக் கண்டுபிடித்த கலீலியோ மருத்துவப் படிப்பில் கவனம் செலுத்தினாரா? மருத்துவத் தேர்வுக்காக கலீலியோ நன்றாகப் படித்து எழுதினாலும் அவரால் தேர்வில் தேர்ச்சி பெற முடியவில்லை. கணிதத்திலும், ஆராய்ச்சியிலும் அதிக கவனம் செலுத்தி நேரத்தைச் செலவிட்டதால் மருத்துவப் படிப்பில் அவரால் நேரத்தைச் செலவிட முடியவில்லை. ஆனால், ஒரு சிலர் கலீலியோ தேர்ச்சி பெறக் கூடாதென்பதில் சில பேராசிரியர்களே தேர்வில் அவரைத் தோல்வி அடையச் செய்து விட்டதாகக் கருதினர்.

எது எப்படியோ! கலீலியோவால் மருத்துவப் படிப்பை முழுமையாக முடிக்க முடியவில்லை. அடுத்து என்ன செய்யப் போகிறோமென்ற பெரிய கேள்வியுடன்தான் கலீலியோ இருந்தார்.

☯

4. வேலை கிடைச்சாச்சு

வயிற்றுப் பிழைப்புக்காக ஏதாவதொரு வேலையைச் செய்ய வேண்டிய சூழ்நிலையில் கலீலியோ இருந்தார். என்ன செய்யலாம் என்பதில் தெளிவில்லாமலும் தத்தளித்தார். அரைகுறை மருத்துவப் படிப்பில் யாருக்கும் வைத்தியம் செய்ய முடியாது. தெரிந்தது கணிதம் மட்டும்தான். அப்போது கணிதம் கற்பதற்கு ஆளில்லை. கணிதம் கற்றவர்களுக்கோ சிறிதும் மதிப்பில்லை.

மருத்துவக் கல்லூரியில் இருந்து வெளியேற்றப் பட்ட கலீலியோ தாமாகப் படிக்க ஆரம்பித்தார். தனக்குத் தெரிந்த கணிதத்தைச் சில செல்வந்தர் வீட்டுப் பிள்ளைகளுக்குச் சொல்லிக் கொடுத்து அதில் வரும் வருமானத்தில் கொஞ்ச காலம் வாழ்க்கையை ஓட்டிக்கொண்டு இருந்தார். ஆனால், அந்த வருமானமும் அவருக்குப் போதுமானதாக இல்லை.

கலீலியோவின் அறிவியல் திறமையைப் பார்த்து பைஸா நகரத்தில் மன்னர் வழி வாழ்ந்து வந்த ஒருவர் கலீலியோவுக்கு உதவி செய்ய முன் வந்தார். பரந்த மனமும், சிறந்த குணமும் கொண்ட அவர் கலீலியோவின் அறிவாற்றலையும், திறமையையும் ஊக்கவித்து வந்தார். அவருக்கு ஆதரவாகவும் இருந்தார்.

கலீலியோவுக்கு உதவி செய்ய வேண்டுமென்று நினைத்த அவர், பைஸா நகரப் பல்கலைக்கழகத்தில் கணிதப் பேராசிரியர் பணியை வாங்கிக்கொடுத்தார். குறைவான சம்பளம்தான் அவருக்குக் கொடுத்தார்கள். கணிதத்தின் மேல் கொண்டுள்ள ஈடுப்பாட்டாலும், வேலை செய்ய வேண்டிய சூழ்நிலையில் இருந்ததாலும் பேராசிரியர் பணியை ஏற்றுக்கொண்டார்.

பைஸா நகரப் பல்கலைக்கழகத்தில் பேராசிரியராகச் சேர்ந்த கலீலியோவுக்கு இன்னொரு பிரச்சனை காத்துக்கொண்டு இருந்தது. "கற்றோற்குச் சென்ற இடமெல்லாம் சிறப்பு" என்பார்கள். ஆனால், கலீலியோவுக்கு அப்படியில்லை. அவர் சென்ற இடமெல்லாம் பிரச்சனை தலைவிரித்து டிஸ்கோ டான்ஸ் ஆடிக் கொண்டிருந்தது. அங்கு பணி புரிந்து வந்த பேரசிரியர்கள் பலருக்கு கலீலியோவைப் பிடிக்கவில்லை. மனதுக்குள் அவரை வெறுத்தனர். அடிப்படையில் கலீலியோ கணிதத்தில் எந்தப் பட்டமும் பெறாதவர். பாதி மருத்துவப் படிப்புதான். அதுவும் கணிதப் பேராசிரியர் பணிக்கு உதவாது. அப்படிப்பட்டவர் பேராசிரியர் பணி புரிவதால் சக ஆசிரியர்கள் பொறாமைப்பட்டார்கள். செல்வாக்கு மிகுந்த மன்னனின் ஆதரவு இருந்ததால் தங்கள் வெறுப்பையும், பொறாமையையும் நேரடியாகக் காட்ட முடியாத நிலைமையில் அவர்கள் இருந்தார்கள்.

வாழ்வதற்கு ஒரு வேலை கிடைத்துவிட்டாலும், குறைவான சம்பளத்தில் வாழ்க்கையை நடத்துவதற்கு மிகவும் சிரமப்பட்டார். 'ப்ரைவேட் ட்யூஷனுக்கு'க் கூட வழியில்லை. காரணம், பல்கலைக்கழகத்தில் கணிதம் படித்து வந்த மாணவர்களே விருப்பமில்லாமல் படித்து வந்தனர். கலீலியோ பாடம் நடத்தும்போது மாணவர்கள் ஆர்வமில்லாமல் இருப்பார்கள்.

பிறகு கலீலியோவுக்கு ஒரு யோசனை தோன்றியது. கலீலியோ மருத்துவப் படிப்பு படிக்கும்போது

அரிஸ்ட்டாட்டில் தத்துவத்தின் தவறுகள் இருப்பதைக் கண்டு பிடித்த கலீலியோ, அதை நிரூபிக்க இதுதான் சரியான சந்தர்ப்பம் என்று முடிவு செய்தார். அப்பொழுது, அவர் மாணவர் என்பதால் அவர் கருத்தை நிராகரிக்கக் காரணமுண்டு. ஆனால், இப்போது பேராசிரியராக இருப்பதால் தன் கருத்தை ஏற்றுக் கொள்வார்களென்று நம்பினார்.

நாம் முன்பே பார்த்தது போல் கலீலியோ அதிக எடையுள்ள பொருளும், குறைவான எடையுள்ள பொருளும் ஒரே நேரத்தில் பூமியை வந்தடையும் என்று சோதனை செய்து கண்டுபிடித்தார். அந்தக் கருத்தை அவர் கூறிய போது பலரும் நம்ப மறுத்தனர். தான் கூறியதை நிரூபித்துக் காட்டுவதாக அவர்களிடம் சவால் விட்டார். அவர்களை பைஸா சாய்வுக் கோபுரத்திற்கு அழைத்துச் சென்றார்.

இரண்டு குண்டுகளை எடுத்துக் கொண்டார். ஒன்று அதிக எடையுள்ள குண்டு. இன்னொன்று முதல் குண்டைக் காட்டிலும் மிகச் சிறிய குண்டு.

“நான் இரண்டு குண்டுகளையும் கோபுரத்தின் உச்சியில் இருந்து ஒரே நேரத்தில் போடுகிறேன். அதன் சத்தத்தைக் கவனமாகக் கேளுங்கள். அப்போதுதான் நான் சொல்லுவது உங்களுக்குப் புரியும். அரிஸ்ட்டாட்டிலின் கருத்தில் இருக்கும் தவறுகள் தெரியும்“ என்றார்.

இரண்டு குண்டுகளை எடுத்துக்கொண்டு சாய்வுக் கோபுரத்தின் உச்சிக்குச் சென்றார். கலீலியோ செய்வதைக் கீழே இருப்பவர்கள் கிண்டலும், கேலியுமாகக் கூச்சலிட்டு இருந்தனர். அவர் தோல்வி அடையப் போவதாகப் பலரும் கூறிக்கொண்டு இருந்தார்கள்.

கலீலியோ சாய்வுக் கோபுரத்தின் உச்சியில் இருந்து குண்டுகளைப் போட்டார். இரண்டு குண்டுகளும் ஒரே

சமயத்தில் தரையில் விழுந்து ஒலி எழுப்பியது. இரண்டு குண்டுகளும் ஒரே சமயத்தில் வீழ்ந்த சத்தத்தை அங்கு கூடியிருந்தவர்கள் கேட்டார்கள். கலீலியோ கூறியது போலவே நடந்ததைக் கண்டு வியப்படைந்தனர். அரிஸ்ட்டாட்டில் கூறிய கருத்தில் தவறு இருந்ததையும் உணர்ந்தார்கள். ஆனால், கலீலியோவைப் புகழவும், பாராட்டவும் அவர்களுக்கு மனம் வரவில்லை. அரிஸ்ட்டாட்டில் புராணத்தைத்தான் திரும்பத் திரும்பக் கூறினார்கள். குப்புற விழுந்தும் மீசையில் மண் ஒட்டாத கதைத்தான்.

இதனாலெல்லாம் கலீலியோ மனம் தளராமல் தன் வேலையைச் செய்துகொண்டு இருந்தார்.

சாய்வுக் கோபுரத்தில் அவர் நிகழ்த்திய பரிசோதனைக்குப்பிறகு அந்தப் பல்கலைக்கழகத்தில் அவருடைய பகைவர்கள் முன்பை விட அதிகமாக வெறுக்கத் தொடங்கினர். சந்தர்ப்பம் கிடைத்தால் பல்கலைக்கழகத்தை விட்டு அவரை வெளியே அனுப்பவும் காத்துக்கொண்டு இருந்தனர். அவர்கள் நல்ல நேரமோ அல்லது கலீலியோவின் கெட்ட நேரமோ அந்த சந்தர்ப்பமும் வந்தது.

5. படுவா பல்கலைக்கழகம்

'லிகார்ன்' என்னும் துறைமுகத்தில் சேறும், சகதியும் அதிகமாக நிறைந்து காணப்பட்டதால் அங்கு கப்பல் நிற்கத் தடையாக இருந்தது. அந்தக் காலத்தில் இத்தாலியை ஆண்டு வந்த மன்னரின் மகன் டான்ஜி யோவன்னி மேற்பார்வையில் நகர அலுவலர்கள் சேற்றையும், மணலையும் அப்புறப்படுத்துவதற்குக் கருவி ஒன்றைக் கண்டுபிடித்தனர். அப்படிக் கண்டுபிடித்த கருவியின் மாதிரிப் படத்தை வரைந்து அது நன்றாகச் செயல்படுமா? என்ற அறிவுரையை கலீலியோவிடம் கேட்க விரும்பினர். அதனால், அந்தத் 'தூர்வாரும் இயந்திரத்தின்' மாதிரி வடிவத்தை கலீலியோவுக்கு அனுப்பி வைத்தனர்.

அந்த மாதிரி வடிவம் மதி நுட்பம் கொண்டதாகவே காணப்பட்டாலும், அந்த மாதிரி வடிவத்தை அடிப்படையாகக் கொண்டு, தூர்வாரும் இயந்திரம் உருவாக்கப்பட்டால் அது வேலை செய்யாதென்பதை உணர்ந்தார். எதையும் மறைக்காமல் தன் கருத்தை அப்படியே இளவரசருக்கு அனுப்பினார் கலீலியோ.

கலீலியோவின் கருத்தைப் படித்த இளவரசர் தன் அலுவலர் முன்பு தன் சிந்தனையை அவமானப்படுத்தி

விட்டதாக நினைத்தார். கலீலியோவை எப்படியாவது பழிவாங்க வேண்டுமென்ற எண்ணம் இளவரசர் மனதில் குடி புகுந்தது. கலீலியோவைப் பேராசிரியர் பதவியிலிருந்து நீக்கி வெளியே அனுப்ப பைஸா நகரப் பல்கலைக்கழக நிர்வாகத்திற்குக் கடிதம் எழுதினார்.

டான் ஜியோவின் கடிதத்தைப் படித்த நிர்வாகத்தினர் மிகுந்த மகிழ்ச்சி அடைந்தார்கள். அது மட்டுமில்லாமல், தூர்வாரும் இயந்திரத்தைப் பற்றி கலீலியோ கூறிய கருத்தை டான் ஜியோ குப்பையில் எறிந்தார். கலீலியோவைப் பல்கலைக்கழகத்தின் பேராசிரியர் பதவியில் இருந்து நீக்கியும் வெளியே அனுப்பப்பட்டார்.

மீண்டும் கலீலியோ வேலை இல்லாமல் இருக்க வேண்டிய சூழ்நிலை. இளவரசரே வேலையை விட்டு அனுப்பக் கடிதம் எழுதியதால் மற்றவர்களும் கலீலியோவுக்கு வேலை கொடுக்க யோசித்தனர். இப்படிப் பட்ட சூழ்நிலையில் பைஸா நகரில் வாழ்வது சரியில்லையென்று நினைத்தார். வேறு ஊர் எங்காவது சென்று வேலை செய்துதான் நன்றாக வாழ முடியுமென்று கருதினார். ஆகவே பைஸா நகரத்தை விட்டுச் செல்ல முடிவு செய்தார்.

இச்சமயத்தில் கலீலியோவின் தலையில் இடி விழுந்தது போல் ஒரு செய்தி. அவரின் அன்புத் தந்தை வின்சென்ஸிகோ காலமானார். அவரது இளைய சகோதரன் மைக்கேலனோலை கவனித்துக் கொள்ளும் கடமையும் அவருக்கு வந்தது. தன் இரண்டு சகோதரிகளுக்கு நல்ல வாழ்க்கையை அமைத்துக் கொடுக்க வேண்டுமென்ற இன்னொரு கடமையும் அவருக்கு இருந்தது. இந்தச் சமயத்தில் கலீலியோவுக்கு வேலையில்லாமல் போனதுதான் மிகப்பெரிய வருத்தமாக இருந்தது. என்ன செய்வதென்று தெரியாமல் இருக்கும் வேளையில் தன் தாய் வழி உறவினர் முசியோ டெடல்டி அவருக்கு உதவிக் கரம் நீட்டினார்.

தன் தந்தையின் மரணத்திற்குப் பிறகு சிறிது காலம் தன் உறவினர் முசியோ டெடல்டியுடன் தங்கி இருந்தார். கலீலியோவுக்கு வேலை கிடைக்கும் வரை முசியோ டெடல்டி அவருக்கு மிகவும் உதவியாக இருந்தார். கலீலியோ செய்து வந்த இயற்பியல் தொடர்பான பரிசோதனைகளைக் கண்டு வியந்து பாராட்டி வந்ததோடு கலீலியோவுக்கு ஊக்கமும் உற்சாகமும் ஊட்டி வந்தார். அத்துடன் அவர் கலீலியோ செய்து வந்த பரிசோதனைகளுக்குத் துணையாகவும் இருந்தார்.

இப்போது ஏதாவது ஒரு வேலைதான் கலீலியோவுக்கு மிக முக்கியமான தேவையாக இருந்தது. அதற்கு பைஸா நகரத்தை விட்டு வெளியேறுவதுதான் சரி. அடுத்து தனக்கு அடைக்கலத்தைத் தேடி எந்த நகருக்குப் போவது என்று சிந்தித்தார். அப்போது செல்வாக்கு மிக்க வெனிஸ் குடியரசில் இருக்கும் படுவா பல்கலைக்கழகத்தில் இருந்து அவருக்கு அழைப்பு வந்தது. தன் வாழ்க்கையின் அடுத்த பயணத்தை அவர் தொடங்கினார்.

1592-ஆம் ஆண்டு படுவா பல்கலைக்கழகத்தின் பேராசிரியராகப் பொறுப்பேற்றுக் கொண்டார். பைஸா நகர பல்கலைக்கழகத்தின் மாணவர்கள் போல் இங்கு இல்லை. படுவா பல்கலைக்கழகத்தின் மாணவர்கள் கணிதம், இயற்பியல், உயிரியல் போன்ற பாடங்களைக் கற்றுக் கொள்வதில் ஆர்வமாக இருந்தனர். அவர்களின் ஆர்வம் கலீலியோவை ஊக்குவித்து வந்தது. அதுமட்டுமில்லாமல், முன்பை விட இரண்டு மடங்கு சம்பளமும் அவருக்குக் கொடுத்தார்கள். பைஸா பல்கலைக்கழகத்தின் அனுபவத்தைக் காட்டிலும் படுவா பல்கலைக்கழகத்தில் அனுபவம் வித்தியாசமாகவும் திருப்திகரமாகவும் இருந்தது. படுவா பல்க்கலைக்கழகம் கலீலியோவுக்கு வாழ்வு தந்ததென்றே கூடச் சொல்லலாம்.

மாணவர்கள் ஆர்வமாகக் கேட்கும் கேள்விகளுக்கு முகம் சுழிக்காமல் பதில் அளித்து, பல அறிவியல்

கோட்பாடுகளைப் பரிசோதனை மூலம் நிருபித்துக் காட்டி மாணவர்களின் கவனத்தை ஈர்த்தார். கலீலியோவின் அறிவாற்றலைக் கேள்விப்பட்டு பல நாடுகளிலிருந்தும் நூற்றுக் கணக்கான மாணவர்கள் படுவா பல்கலைக்கழகத்தில் சேர்ந்தார்கள். சுருக்கமாகக் கூற வேண்டுமென்றால், கலீலியோவின் புகழ் வளர்ந்ததோடு அந்தப் பல்கலைக்கழகத்தின் புகழும் சேர்ந்தே வளர்ந்தது. கலீலியோவின் திறமைக்கு அங்கீகாரமும் கிடைத்தது.

அக்காலக்கட்டத்தில் இராணுவத்துறை சம்மந்தமான பிரச்சனை ஒன்று நிலவி வந்தது. பீரங்கியில் இருந்து சுடப்பட்டு வெளியேறும் குண்டுகள் எத்தகைய பாதையில் செல்கிறதென்பதுதான் அந்தப் பிரச்சனை. இதனால், பீரங்கிகளைப் பயன்படுத்தும் வீரர்களுக்குப் பாதுகாப்பு இல்லாமல் இருந்தது. இந்தப் பிரச்சனையைத் தீர்த்து வைக்க ஒரு வழியைக் கண்டு பிடிக்கும் பொறுப்பை கலீலியோவிடம் ஒப்படைத்தனர்.

அடிப்படையில் இராணுவத்தைப் பற்றியோ, அவர்களின் பொறியியல் உண்மை குறித்தோ கலீலியோவுக்குத் தெரியாது. இருப்பினும் தன்னிடம் ஒப்படைக்கப்பட்ட பணியை சிறப்பாக முடிக்க வேண்டுமென்பதில் உறுதியாக இருந்தார். 1595 – 1598 காலக்கட்டத்தில்தான் கலீலியோ பீரங்கியில் குண்டுகள் செல்லும் பாதையைக் கண்டுபிடித்தார்.

வெடிகுண்டு பற்றி நடத்திய பரிசோதனையில் ‘கன்னர் காம்பஸ்’ (Gunner Compass) என்ற தத்துவத்தைக் கண்டுபிடித்தார். கிட்டத்தட்ட நம்ம ஸ்கூல் காம்பஸ் போலத் தான். ஸ்கூல் காம்பஸ் வைத்து ஒரு வட்டம் வரைவோம். இதில் அவர் ‘செமி சர்க்குல்’ என்ற அரை வட்டத்தைப் பற்றிச் சொல்லுகிறார். அந்தத் தத்துவத்தில் வெடிகுண்டு வானில் குறிப்பிட்ட எல்லை வரை சென்ற பிறகு, அதே அளவின் தொலைவில் குண்டு செமி சர்க்கில்

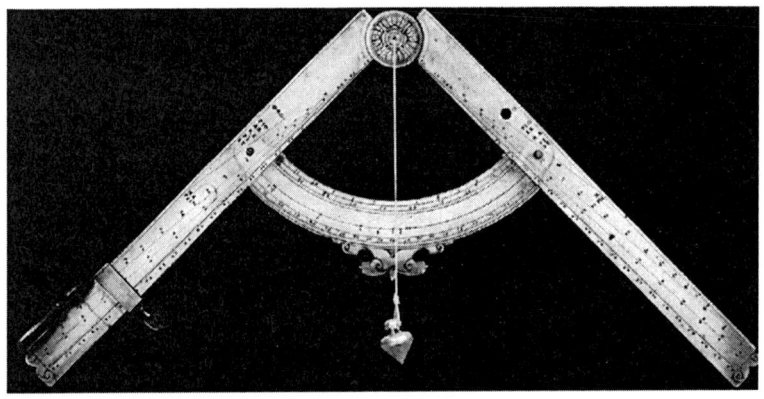

வடிவில் வந்து இலக்கைத் தாக்கிக் கீழே விழும்.

தனது தத்துவத்தால் பீரங்கியிலிருந்து வெளிவரும் குண்டின் சரியான பாதையைக் கணித்து மிகத் துல்லியமாக இலக்கை அடித்து வீழ்த்துவதற்கு வழி வகுத்துக் கொடுத்தார். இதனால், பீரங்கியைப் பயன்படுத்தும் வீரர்களுக்கும் பாதுகாப்பாக இருந்தது. இவ்வரிய கண்டுபிடிப்பால் கலீலியோவின் புகழ் பல நாடுகளிலும் பரவியது. அவரைச் சுற்றியிருந்த வறுமையும் மெல்ல விலகத் தொடங்கியது.

6. மரினா கெம்பா

படிப்பு, ஆராய்ச்சி, கணிதம் என்று கலீலியோ பொழுதைக் கழித்துக்கொண்டு இருந்ததால் அவருக்குத் திருமணத்தைப் பற்றி யோசிக்க நேரமில்லை. அவருடைய இரண்டு மகள்கள் சொல்லியும் கலீலியோ இறுதி வரை திருமணமே செய்துகொள்ளவில்லை!!

மகள் உண்டு, ஆனால் திருமணம் ஆகவில்லையா...! அது எப்படி? எப்படியென்றால் அது அப்படித்தான். கலீலியோ தன் இளைமைக்காலங்களில் படுவா நகரத்தில்தான் வசித்து வந்தார். அறிவியல் ஆராய்ச்சியில் அவர் மணம் இருந்ததால் திருமணத்தைப் பற்றி யோசிக்கவில்லை. அப்போது அவருக்கு சமைத்துப் போட, வீட்டு வேலை செய்ய ஒரு பெண் தேவைப்பட்டாள். அப்போது கூட அவர் தனக்கு மனைவி வேண்டுமென்று யோசிக்கவில்லை. தன்னை நம்பியிருக்கும் உடன்பிறந்தவர்கள், அவருடைய அன்றைய பொருளாதாரச் சூழ்நிலையை எல்லாம் எண்ணி தன் திருமணத்தைத் தள்ளிப் போட்டுக்கொண்டு இருந்தார்.

கலீலியோ நேரம் கிடைக்கும்போது அருகில் இருக்கும் வெனிஸ் நகரத்துக்குச் சென்று வருவார். அப்போது

மரினா கெம்பா என்ற பெண்ணை கலீலியோ வீட்டு வேலைக்காக வெனிஸ் நகரத்தில் இருந்து அழைத்து வந்தார். தனது வேலையாலும், அழகாலும் கலீலியோவின் மனதைக் கவர்ந்தார். நாளடைவில் இருவருக்கும் நெருக்கமான உறவு ஏற்பட்டது. மரினா கலீலியோ மீது கொண்ட காதலால் அவருடன் படுவா நகரத்துக்கு வந்தார். கலீலியோ வீட்டிலேயே தங்கி இருந்தார். ஆனால், இருவரும் திருமணம் செய்து கொள்ளவில்லை.

நாட்கள் நகர்ந்தன. இவர்கள் உறவுக்கு சாட்சியாக 1600ஆம் ஆண்டு, ஒரு மகள் பிறந்தாள். அவள் பெயர் வர்ஜினா. அந்த மகள் பிறந்த அடுத்த வருடமே இன்னொரு மகளும் பிறந்தாள். அவளின் பெயர் லிவியா. குழந்தைகள் பிறந்தவுடன் இவர்களுக்குக் காதல் கசக்கத் தொடங்கியது. எனினும், ஐந்து வருடங்கள் கழித்து இவர்களுக்கு ஒரு மகன் பிறந்தான். அவனுடைய பெயர் வின்சென்ஸிகோ.

தன் தந்தை மீது கொண்ட பாசத்தால் தந்தையின் பெயரையே மகனுக்கும் வைத்தார். இந்த மூன்று குழந்தைகளுக்கும் கலீலியோதான் தந்தை என்றாலும் இவர்களின் பிறப்புச் சான்றிதழில் தந்தையின் பெயர் கலீலியோவென்று குறிப்பிடப்படவில்லை. கலீலியோவுக்கும், மரினாவுக்கு அவ்வப்போது சில சண்டைகள் வந்து வந்து போகும். இருவரும் ஏன் திருமணம் செய்து கொள்ளவில்லை என்ற காரணம்கூட யாருக்கும் தெரியாமல் இருந்தது.

படுவா நகரத்தில் கலீலியோ ஓரளவிற்குப் பெயர் சொல்லும் படி வாழ்ந்தார். காதல், குழந்தை, குடும்பம் என்று வந்தவுடன் கலீலியோவின் அறிவியல் ஆராய்ச்சியில் கவனம் செலுத்த நேரம் குறைந்தது. இதனாலேயே இவர்களுடைய மனக் கசப்புகள் அவ்வபோது வெளிவரும். அப்போது கலீலியோவுக்கு வந்த செய்தி ஒன்று இன்ப அதிர்ச்சியாக வந்தது.

அவருடைய ஆராய்ச்சிகளுக்கும், பரிசோதனைகளுக்கும் பாடுவா பல்கலைக்கழகம் ஆதரவு தெரிவித்து ஒரு தகவல் அனுப்பி இருந்தது. இந்நிலையில் ப்ளாரன்ஸ் நகரில் மெடிஸி என்ற அரச குடும்பம் கலீலியோ புகழைப் பற்றிக் கேள்விப்பட்டனர். அந்தக் குடும்பத்தில் பிறந்த இரண்டாம் காஸிமோ-டி-மெடிஸி தங்கள் அரச சபையில் கணித வல்லுநர் பதவியை ஏற்றுக்கொள்ளுமாறு விருப்பம் தெரிவித்தனர்.

கலீலியோவால் அரச குடும்பத்தின் அழைப்பை நிராகரிக்க முடியவில்லை. படுவா பல்கலைக்கழகத்தில் பேராசிரியர் பதவியை ராஜிநாமா செய்தார். தன் புதிய வேலைக்குத் தயார் ஆனார்.

மூன்று குழந்தைகள் பிறக்கும் வரை மரினா கெம்பா கலீலியோவுடன்தான் இருந்தார். அவர்களுக்கு நடுவில் இருக்கும் சிறு சிறு சண்டைகள் எல்லாம் கலீலியோ ப்ளாரன்ஸ் நகருக்குச் செல்ல முடிவெடுக்கும் போது பூகம்பமாக வெடித்தது. மரினா கெம்பாவுக்கு கலீலியோவோடு ப்ளாரன்ஸ் நகருக்குச் செல்ல மனமில்லை. அதே சமயம், நல்ல சந்தர்ப்பத்தைக் கைவிட கலீலியோவிற்கும் விருப்பமில்லை. இருவரும் பிரிய முடிவெடுத்தனர். மரினாவை விட்டுப் பிரிய நினைத்த கலீலியோவுக்கு, தன் மகளை விட்டுப் பிரிய மனமில்லை. தன் இரண்டு மகள்கள் மீது அதிகப் பாசம் வைத்திருந்தார். அதனால், இரண்டு மகளையும் அழைத்துக் கொண்டு ப்ளாரன்ஸ் நகருக்குச் செல்ல முடிவு செய்தார். அவர் செல்லும்போது தனது நான்கு வயது மகன் வின்சென்ஸிகோவை மரினாவிடம் இருந்து பிரிக்க அவர் விரும்பவில்லை.

தன் நான்கு வயது மகன் வின்சென்ஸிகோவை மரினாவிடம் விட்டுவிட்டு, மற்ற இரண்டு மகள்களையும் அழைத்துக் கொண்டு ப்ளாரன்ஸ் நகருக்குச் சென்றார்.

1610 ஆம் ஆண்டு, ப்ளாரன்ஸ் நகரில் பேராசிரியர் பொறுப்பையும் ஏற்றுக் கொண்டார்.

சிறிது ஆண்டுகள் கடந்தன. ஒரு விடுமுறைக்குத் தந்தையைப் பார்க்க வின்சென்ஸிகோ, ப்ளாரன்ஸ் நகருக்கு வந்தான். மீண்டும் அவன் தன் தாயைப் பார்க்கப் போகாமல் தந்தையுடனே தங்கிவிட்டான். தன் மூன்று குழந்தைகளையும் பிரிந்து மரினா தனி மரமாக நின்றார். தான் பெற்ற குழந்தைகள் மூவரும் கணவனுடன் சேர்ந்தது குறித்து மரினா வருத்தப்பட்டதாகத் தெரியவில்லை. மீண்டும் கலீலியோவுடன் வாழ விரும்பாத மரினா 1613-ஆம் ஆண்டு கிவோன்னி பர்டோளுசி என்பவரைத் திருமணம் செய்து கொண்டார். அதன் பின் மரினா கெம்பா, கலீலியோ வாழ்க்கையில் வரவில்லை. தன் குழந்தைகளைப் பார்க்கவும் அவள் விரும்பவில்லை.

☙

7. பார் மகளே பார்

தாயில்லாமல் குழந்தைகளை வளர்ப்பதென்பது மிகவும் கடினம். அதுவும், கலீலியோ போன்ற விஞ்ஞானிகள் பெரும்பாலும் அறிவியல் ஆராய்ச்சிகளில் ஈடுபடுபவர்கள். வீட்டு வேலைகள் செய்துகொண்டு குழந்தைகளைப் பார்த்துக் கொள்வது என்பது பற்றிச் சொல்லவே வேண்டாம். கலீலியோ தன் இரண்டு மகள்களையும் வளர்க்க மிகவும் சிரமப்பட்டார்.

தன் மூத்த மகள் வர்ஜினா மீது கலீலியோவுக்கு அதிகப் பாசம். தன் வருமானத்திற்குத் தகுந்தவாரு தன் மகள்களையும், மகனையும் மகிழ்ச்சியாகவே வைத்துக்கொண்டார்.

வர்ஜினா, லிவியா இருவரும் பருவமடைந்த போது கலீலியோ தன் மகள்களுக்குத் திருமணம் செய்ய நினைத்தார். ஆனால், தன் இரண்டு மகள்களுக்கும் திருமணம் செய்ய போதிய பணம் கலீலியோவிடம் இல்லை. தானாகச் சென்று சம்மந்தம் பேசும் அளவிற்குப் பொருளாதார வசதியுமில்லை. அதுமட்டுமில்லாமல், இருவரும் சட்டப்படி தகப்பன் பெயர் இல்லாமல் இருந்தார்கள். அதற்கேற்ப கலீலியோ இரண்டு மகள்களுக்கும் திருமணம் செய்துவைக்க

மிகவும் சிரமப்பட்டார். வர்ஜினாவும், லிவியாவும்கூடத் திருமணத்தில் எந்தவொரு ஈடுபாடும் இல்லாமல் இருந்தனர். இருவரும் துறவரம் மேற்கொள்ளவும் முடிவெடுத்தனர். கலீலியோ அவர்களிடம் துறவரமாகும் எண்ணத்தைக் கைவிடக் கூறியும், அவர்கள் கேட்கவில்லை. அவரால் மகள்கள் துறவரம் மேற்கொள்வதைத் தடுக்க முடியாத நிலையில் இருந்தார். அவர்கள் தங்கள் முடிவில் மிகவும் உறுதியாகவும் இருந்தனர்.

1616–ஆம் ஆண்டு, வர்ஜினா தன் பெயரை மரியா செலேச்டே என்று மாற்றிக்கொண்டு கிறிஸ்த்து சகோதரியாக மாறினார். அவரின் சகோதரி லிவியாவும் தன் படிப்பை முடித்த அதே ஆண்டில் தன் பெயரை சகோதரி அர்காங்கேல் என்று மாற்றிக்கொண்டு துறவரம் மேற்கொண்டார்.

அவர்கள் இருவரையும் *13*ஆம் நூற்றாண்டில் தொடங்கப்பட்ட சன் மெட்டோ என்ற கன்னிமடத்தில் கலீலியோ சேர்த்தார். தன் வருமானத்திற்குத் தகுந்தாற் போல் அந்த மடத்தின் கட்டிடமும் மிகவும் குறைவாகவே இருந்தது. பெரிய மடத்தில் சேர்க்க அவரிடம் போதிய பணமில்லை. கலீலியோவின் நிலைமையை உணர்ந்த அவர் மகள்களும் அந்த மடத்திலேயே சேர்ந்தார்கள்.

தன் மகள்கள் துறவரம் மேற்கொண்டாலும், கலீலியோவுக்கு அவர்கள் மேல் கொண்ட பாசம் குறையவில்லை. அவர்களுக்கும் தந்தை மீது பாசம் குறையவில்லை. மரியா செலேச்டே கலீலியோவைக் கடிதம் மூலம் தொடர்பு கொள்வார். நலம் விசாரிப்பார். அதே போல் கலீலியோவும் மரியா பற்றி விசாரித்துக் கடிதம் எழுதுவார். மரியா தன் விடுதியில் நடக்கும் எல்லா விஷயங்களையும் கலீலியோவிடம் தெரிவித்துக் கடிதம் எழுதுவார். தன் அறையில் தண்ணீர் வரவில்லை என்பதையும், சாப்பாடு பற்றியெல்லாம்கூடத் தன் கடிதத்தில் தெரிவித்துள்ளார்.

சன் மெட்டோ கன்னிமடத்தின் சுகாதாரம் மரியாவுக்குப் பிடிக்கவில்லை. எப்போதும் அந்த மடத்தில் கட்டிட வேலை நடக்கும். இல்லையென்றால் ஏதாவது பழுது பார்க்கும் வேலை நடக்கும். அங்கு சாப்பிட கொடுக்கப்படும் ரொட்டித் துண்டு, குடிநீர் எதுவும் சுத்தமில்லாமல் இருந்தது. மரியா தங்கியிருந்த அறையில் சன்னல் கதவைக் கூட கலீலியோதான் சரி செய்தார். அங்கிருந்த கடிகாரம் ஓடியதற்கு முக்கிய காரண கர்த்தாவே கலீலியோதான். மரியா கலீலியோவை ஏதாவது ஒரு உதவிக்காக வேண்டி தொந்தரவு கொடுக்க வேண்டிய நிலையில்தான் இருந்தார். அவ்வப்போது மரியாவுக்கு உடல் நலம் சரியில்லாமல் போகும். மரியாவுக்கு உதவியாக கலீலியோ அல்லது சகோதரன் வின்சென்ஸிகோ வருவார்கள்.

தன் மகள்கள் துறவரம் மேற்கொண்டதில் வேதனை அடைந்த கலீலியோ தன்னுடைய மகன் வின்சென்ஸிகோவை சட்டப் பூர்வமாக மகனாகவே ஏற்றுக்கொண்டார். அவருக்குத் திருமணம் செய்து வைக்க நினைத்து செஸ்டிலியா போச்சினெரி என்ற பெண்ணை மணமுடித்தார்.

தன் இரண்டு மகள்களையும் கன்னிமடத்திற்கு அனுப்பியதால் கலீலியோவை ஒரு தவறான தந்தையென்று கூறிவிட முடியாது. அவருடைய அன்றைய பொருளாதாரச் சூழ்நிலையில் தன் மகளுக்கு எதுவும் செய்ய முடியாத நிலையில் அவர் இருந்தார். தன் மகள்களின் விஷயத்தில் செய்த தவறை மகன் விஷயத்தில் அவர் திருத்திக் கொண்டார்.

8. நண்பா! நண்பா!!

கலீலியோ மேற்கொண்ட எல்லா ஆராய்ச்சிகளுமே வெற்றி பெற்றதென்று சொல்ல முடியாது. யானைக்கே அடி சறுக்கும் போது கலீலியோவுக்குச் சறுக்காதா?

எந்தவொரு ஆராய்ச்சியை எடுத்துக் கொண்டாலும், ஏதாவது தவறுகள் செய்து அதைத் திருத்திக் கொண்டுதான் ஒரு விஷயத்தையோ அல்லது தத்துவத்தையோ கண்டு பிடிக்கிறார்கள். அப்படி ஒரு ஆராய்ச்சியில் கலீலியோ ஈடுபட்டு இருந்தார். அந்த ஆராய்ச்சியின் பெயர் 'தியரி ஆஃப் மோஷன்'. நீரில் மிதக்கும் பொருட்கள் நகர்வதைக் குறித்து ஒரு தத்துவத்தை எழுதினார். தான் கூறிய தத்துவத்தைத் தனது நண்பர் போலோ சர்பி என்பவருக்குக் கடிதம் அனுப்பினார். போலோ சர்பி ஒரு கணித மேதை. கலீலியோ கூறிய தத்துவத்தை நன்கு ஆராய்ந்தார். அதன் பிறகு கலீலியோவின் கடித்தத்திற்குப் பதில் கடிதத்தையும், அவர் கூறிய தத்துவத்தைக் குறித்தும் எழுதியிருந்தார்.

போலோ சர்பி தன் கடிதத்தில் கலீலியோவின் தத்துவத்தில் இருக்கும் தவறைச் சுட்டிக் காட்டியிருந்தார்.

அவர் கூறியது போல் தன் தத்துவத்தில் இருக்கும் தவறை உணர்ந்து அதை எடுத்துக் காட்டியதற்கு நன்றிக் கடிதம் எழுதிவிட்டு, மீண்டும் 'தியரி ஆஃப்மோஷன்' ஆராய்ச்சியில் தீவிரமாக இறங்கினார். இரண்டு வருடங்களாக அதற்குரிய நூல்கள், குறிப்புகள் எல்லாவற்றையும் தேடிப் படித்தார்.

மிதக்கும் பொருட்கள் பற்றியும் (Floating body), விழும் பொருட்கள் பற்றியும் (Falling Body) பல பரிசோதனைகள் செய்தார். அந்தக் குறிப்புகளை எல்லாம் தொகுத்து 'டி மெட்டோ' (On Motion) என்ற நூலை எழுதினார். அன்றைய சுழ்நிலையில் அவரால் அந்த நூலை முழுமையாக எழுதவும் முடியவில்லை.

தன் தத்துவத்தைத் தவறென்று கூறிவிட்டாரே என கலீலியோவுக்கு போலோ சர்பி மீது கோபமோ வருத்தமோ வரவில்லை. தன் தவறைத் திருத்தியதற்கு நன்றி தெரிவித்ததில் இவர்களின் நட்பு மேலும் நெருக்கமானது.

மே மாதம் 1609–ஆம் ஆண்டு, போலோ சர்பி யிடம் இருந்து கலீலியோவுக்கு ஒரு கடிதம் வந்தது. அக்கடிதத்தில் நெதர்லாந்தைச் சேர்ந்த ஒருவர் கண்டுபிடித்த விச்சித்திரமான கண்ணாடியைப் பற்றிக் குறிப்பிட்டிருந்தார். தனது கடிதத்தில் அந்தக் கண்ணாடியை 'உளவு பார்க்கும் கண்ணாடி' என்று குறிப்பிட்டிருந்தார். அதாவது, தொலைவில் இருக்கும் பொருட்களை எல்லாம் இருந்த இடத்தில் கண்காணிக்கலாம் என்பதால், சர்பி அப்படிக் கூறியிருந்தார். சர்பி கேள்விப்பட்ட அந்தச் செய்திதான் கலீலியோவின் பெரிய கண்டுபிடிப்புக்கு உதவியது.

முதலில் கலீலியோவின் தத்துவத்தில் இருக்கும் பிழையைத் திருத்தினார். இப்போது கலீலியோ புகழை வானளவுக்குக் கொண்டு செல்லுவதற்கு அஸ்திவாரமும் அமைத்துக் கொடுத்தார்.

௯. டெலஸ்கோப்

1608 ஆம் ஆண்டில் ஒரு நாள், நெதர்லாந்தில் இருக்கும் மிடில் பர்க் என்ற நகரம். இரண்டு சிறு குழந்தைகள் கண்ணாடி லென்சுகளை வைத்து விளையாடிக்கொண்டு இருந்தார்கள். மூக்குக் கண்ணாடி தாயாரிக்கும் வேலை செய்யும் ஹேன் லிப்பர்ஷை என்பவர் அந்தக் குழந்தைகள் விளையாடும் இடத்திற்கு அருகே தன் வேலையைச் செய்துகொண்டு இருந்தார். அந்தக் குழந்தைகள் இரண்டு வித்தியாசமான லென்சுகளை வைத்துப் பார்க்கும்போது வெகு தொலைவிலுள்ள கோபுரத்தின் அருகில் தெரிவது போல் இருந்தது. அந்த இரண்டு லென்சுகளில் ஒன்று 'கான்கேவ் லென்ஸ்' (Concave Lens), இன்னொன்று 'கான்வெக்ஸ் லென்ஸ்' (Convex Lens).

"இங்க பாரு அந்தக் கோபுரம் பக்கத்துல தெரியுற மாதிரி இருக்கு!" என்று ஒரு குழந்தை மற்றொரு குழந்தையிடம் கூறியது. மற்றொரு குழந்தையும் ஆவலுடன் வாங்கிப் பார்த்தது. மலைக் கோபுரம் அருகில் பார்க்கும் உணர்வைக் குதித்து சந்தோஷப்பட்டனர். கத்தி ஆரவாராம் செய்தனர். குழந்தைகள் பேசுவதை ஆர்வமாகக் கேட்ட ஹேன் லிப்பர்ஷை அந்தக் குழந்தைகளிடம் இருந்து

லென்சை வாங்கிப் பார்த்தார். அந்தக் குழந்தைகள் சொன்னபடி தொலைவிலிருக்கும் பொருட்கள் எல்லாம் மிக அருகில் தெரிந்தன. இப்படித்தான் முதன்முதலாக டெலஸ்கோப் கண்டுபிடிக்கப்பட்டது. ஆனால், அதை வைத்துக்கொண்டு எந்தவொரு அறிவியல் ஆராய்ச்சியிலும் அவர் ஈடுபடவில்லை.

இப்படித்தான் முதன்முதலில் டெலஸ்கோப் கண்டுபிடிக்கப்பட்டது.

டெலஸ்கோப்பைக் கண்டுபிடித்தது ஹேன் லிப்பர்ஷை என்றாலும், அதை அதிகளவில், இன்னும் சொல்லுவதென்றால் முதலில் பயன்படுத்தியவர் கலீலியோ தான். கலீலியோ கான்கேவ் லென்ஸ் பற்றியும், கான்வேக்ஸ் லென்ஸ் பற்றியும் நிறைய நூல்களைப் படித்தார்; ஆராய்ந்தார். தன் கணித அறிவால் அந்த லென்சுகளைப் பற்றிக் கணக்கிட்டார். இரண்டு லென்சுகளையும் முழுமையாகத் தெரிந்துகொண்டார்.

கலீலியோ கான்கேவ் லென்ஸ், கான்வேக்ஸ் லென்ஸ் இரண்டையும் சேர்த்தார். அதைத் திருப்புவதற்கு வசதியாக வளையங்களில் பொருத்தினார். அந்த இரண்டு லென்சுகளையும் இரும்பு டியூப்பில் இணைத்தார். கான்கேவ் லென்ஸ் பொருத்தப்பட்ட வளையத்தை ஒரு பக்கமாகவும், கான்வெக்ஸ் லென்ஸ் வளையத்தை இன்னொரு பக்கமாகவும் திருப்பினார். ஒரு புள்ளியில் தொலைவில் இருக்கும் பொருள்களெல்லாம் மிகத் துல்லியமாகத் தெரிந்தன. அவர் வளையங்களைத் திருப்ப, இன்னும் தொலைவில் இருக்கும் இடங்கள் கூடத் தெரிந்தன. ஒரு கட்டத்தில் குறிப்பிட்ட இடத்திற்கு மேல் அவரால் பார்க்க முடியவில்லை.

அதன்பிறகு கான்வெக்ஸ், கான்கேவ் லென்ஸ் தன்மையை அதிகரித்துப் பொருத்திப் பார்த்தார். கான்கேவ், கான்வெக்ஸ் தன்மையை அதிகப்படுத்த

அதிகப்படுத்த தொலைவில் இருக்கும் பொருட்கள் எல்லாம் இன்னும் அருகில் தெரிய ஆரம்பித்தன.

அதன்பிறகு, கலீலியோ அந்த 'டெலஸ்கோப்' மூலம் வானத்தை ஆராய்ச்சி செய்யத் தொடங்கினார். இந்த வானியல் ஆராய்ச்சிதான் கலீலியோவின் புகழை வான்வரை உயர்த்தியது. கலீலியோ டெலஸ்கோப்பில் நிலவைப் பார்க்கும் போது நிலவின் ஒரு பகுதி இருண்டிருந்ததைக் கண்டார். நிலவு சூரியனின் ஒளியை வாங்கித்தான் பூமிக்குப் பிரதிபலிக்கிறதென்று உணர்ந்தார். பூமியைப் போல் நிலவிலும் மேடு, பள்ளங்கள் உள்ளதையும் கண்டார்.

டெலஸ்கோப் மூலம் ஆயிரக் கணக்கான நட்சத்திரங்களைத் தன் அருகில் பார்ப்பது போல் அவருக்கு இருந்தது. 'மில்க்கி வே' எனப்படும் 'பால் வீதி' மண்டலத்தைக் கண்டுபிடித்தார். அதை நாம் இன்றும் 'ஆகாய கங்கை' என்று அழைக்கிறோம். இவை எல்லாவற்றிற்கும் மேலாக கலீலியோவின் புகழ் விண்ணைத் தொட ஆரம்பித்தது. 'ஜூபிட்டர்' பற்றி அவர்

கண்டு பிடித்துச் சொன்னதுதான். வியாழகிரகம் என்று அழைக்கப்படும் 'ஜூபிட்டரின்' உபகிரகங்களை உலகிற்குத் தெரிவித்தவர் நம் கலீலியோதான்.

கலீலியோ முதலில் ஜூபிட்டர் கிரகத்தைப் பார்க்கும்போது அதைச் சுற்றி மூன்று சிறு நட்சத்திரங்கள் இருப்பதாகக் கண்டார். ஒவ்வொரு நாள் இரவும் ஜூபிட்டர் கிரகத்தையும், அதன் நட்சத்திரங்களையும் கவனித்து குறிப்பெடுத்துக் கொண்டிருந்தார். அப்படி அவர் குறிப்பெடுக்கும் போது அந்த நட்சத்திரங்கள் நகர்வதைக் கண்டார். சில நாட்கள் கழித்து ஜூபிட்டரைச் சுற்றி நான்காவது நட்சத்திரம் இருப்பதைப் பார்த்தார். அந்த நான்காவது நட்சத்திரம் மற்ற மூன்றைக் காட்டிலும் சற்றுப் பெரியதாக இருந்தது. அந்த நான்கு நட்சத்திரங்களும் ஜூபிட்டரைச் சுற்றி வருவதைக் கவனித்தார். அந்த நான்கு நட்சத்திரங்களும் ஜூபிட்டரைச் சுற்றி வரும் நிலவுகள் என்ற தீர்மானத்திற்கும் வந்தார். நான்கு நிலவுகள் கொண்ட ஒரே கிரகம் ஜூபிட்டரென்று உலகிற்குச் சொன்னார். அப்போது கலீலியோவின் ஆராய்ச்சிகளுக்கு இரண்டாம் காஸிமோ மிகவும் உதவியாக இருந்தார். அதனால், அந்த நட்சத்திரங்களுக்கு காஸிமோ சகோதரர்களின் பெயரை வைத்து அவர்களை கலீலியோ பெருமைப்படுத்தினார்.

அடுத்து டெலஸ்கோப்பால் கலீலியோ கண்டு பிடித்தது 'சட்டர்ன்' (Saturn) என அழைக்கப்படும் சனி கிரகம். முதலில் சனி கிரகத்தைப் பார்க்கும் போது ஜூபிட்டர் போலவே சனி கிரகத்திற்கும் மூன்று உபகிரகங்கள் இருப்பதாக நினைத்தார். சிறிது நாட்கள் கழித்துப் பார்க்கும் போது இரண்டு உபகிரகங்கள் இல்லை. ஒன்று மட்டும்தான் இருந்தது. கலீலியோ மிகவும் குழப்பம் அடைந்தார். பிறகு, தனது குறிப்புகளை வைத்து சனி கிரகத்தைச் சுற்றி இருப்பது ஒரு வளையம் என்ற முடிவுக்கு வந்தார். அந்த வளையம் பூமியை எதிர் நோக்கி அமைந்திருந்தது.

1612 ஆம் ஆண்டு, தனது 'டெலஸ்கோப்'பின் உதவியால் 'நெப்டோன்' என்ற கிரகத்தையும் கண்டுபிடித்தார். ஆனால், அது சாதாரண நட்சத்திரம் போல் அவருக்குத் தெரிந்ததால் அதைப் பற்றிப் பெரிதாக ஒன்றும் அவர் எடுத்துக் கொள்ளவில்லை. அவரது குறிப்புகளில் 'நெப்டோன்' கிரகத்தைப் பற்றிய குறிப்புகள் இருந்தன. இறுதிவரை நெப்டோன் ஒரு கிரகம்தான் என்று அவர் உணரவில்லை.

கலீலியோ தனது டெலஸ்கோப் மூலம் கண்டு மகிழ்ந்ததைப் பொதுமக்களும் கண்டு மகிழ வேண்டுமென விரும்பினார். ஒரு குன்றில் மேல் தனது டெலஸ்கோப்பை நிறுவி பொதுமக்கள் பார்வைக்கு வைத்தார். அதன்பிறகு பொதுமக்கள், மாணவர்கள், நண்பர்கள் என்று எல்லோரையும் பார்க்க வைத்தார். டெல்ஸ்கோப் மூலம் பார்த்தவர்கள் தொலைவில் இருப்பதை மிக அருகில் பார்ப்பது போல் உணர்ந்தார்கள். கலீலியோவின் டெல்ஸ்கோப்பை 'மேஜிக் மாக்னிஃபைபயிங் க்ளாஸ்' என்று வர்ணித்தனர். அதாவது 'மாயாஜால உருப்பெருக்கிக் காண்ணாடி" என்று அதை அழைத்தார்கள்..

கலீலியோ உருவாக்கிய டெல்ஸ்கோப்பை விலை கொடுத்து வாங்க பல செல்வந்தர்கள் போட்டி போட்டுக் கொண்டு முன் வந்தனர். கலீலியோ அதை யாருக்கும் விலைக்கு விற்க முன் வரவில்லை. ஆனால், வென்னிஸ் நகரத்தில் இருக்கும் செல்வந்தர் ஒருவர் கலீலியோவின் பல ஆராய்ச்சிகளைப் பாராட்டி ஆதரவு தெரிவித்து வந்தார். அவருக்குத் தன் அன்புப் பரிசாகத் தனது டெலஸ்கோப்பைக் கொடுத்தார்.

கலீலியோ 'டெலஸ்கோப்' மூலம் நடத்திய ஆராய்ச்சிகளை எல்லாம் தொகுத்து 'சிடெரியஸ் நுன்சியஸ்' (நட்சத்திரத் தகவலர்கள்) என்ற நூலை எழுதி வெளியிட்டார்.

☯

10. இன்னும் சில கண்டுபிடிப்புகள்

*சா*தனை என்பது ஒரே இடத்தில் இருப்பதல்ல. ஒரு வெற்றி கிடைத்த பின் அடுத்ததை நோக்கிச் செல்வதுதான். 'டெலஸ்கோப்'பைக் கண்டுபிடித்ததோடு கலீலியோ அமைதியாக இருக்கவில்லை. தன்னுடைய அடுத்த ஆராய்ச்சிப் பணிகளைத் தொடங்கினார்.

கான்கேவ், கான்வெக்ஸ் தன்மையை அதிகப்படுத்தும் போது தொலைவிலிருக்கும் பொருட்களெல்லாம் அருகில் தெரிந்தன. தொலைவில் இருக்கும் பொருளே அருகில் தெரியும் போது, அருகிலுள்ள சிறு பொருட்களைப் பெரிதாகப் பார்த்தால் எப்படி இருக்குமென்று நினைத்தார். அதற்கான ஆராய்ச்சிகளில் தன்னை ஈடுபடுத்திக்கொண்டார்.

சிறு பொருட்களை எல்லாம் பெரிதாய்க் காட்டும் கண்ணாடிகளைப் பற்றிப் படித்தார். 'டெலஸ்கோப்' வடிவத்தைப் போல சிறியதாக ஒன்றை உருவாக்கினார். அந்தக் கண்ணாடி வழியாக எறும்புகளைப் பார்த்தார். அது சிறு சிறு எறும்புகளை எல்லாம் பெரிதாகக் காட்டியது. அதைக் கண்டதும் அவருடைய சந்தோஷத்திற்கு ஈடு இணையே இல்லை. அதுதான் 'மைக்ரோஸ்கோப்' (Microscope). இன்றைய மருத்துவ உலகில் இரத்தப்

பரிசோதனைக்கு அது முக்கியப் பங்கை வகித்துக் கொண்டிருக்கிறது.

◆ ◆ ◆

ஒரு முறை அழுகிய முட்டைகள் கொதிக்கும் தண்ணீரில் மிதந்து கொண்டிருப்பதை கலீலியோ பார்த்தார். அதைப் பார்த்ததும் தன் அறிவியல் சிந்தனையைத் தட்ட ஆரம்பித்தார். நான்கு 'டெஸ்ட் டியூப்'களை எடுத்துக்கொண்டு ஒரே அளவில் தண்ணீரை நிரப்பி, அதில் ஒரே வடிவத்தில் முட்டைகளைப் போட்டு வைத்தார். ஒவ்வொரு டெஸ்ட்' டியூப்களையும் வெவ்வேறு வெப்பத்தில் கொதிக்க வைத்தார்.

டெஸ்ட் டுயூப்பில் இருக்கும் தண்ணீர் கொதிக்க கொதிக்க முட்டை மெல்ல மெல்ல மேல் நோக்கி வந்தது. தண்ணீர் கொதிக்கும் நிலையில் அதிலிருக்கும் முட்டை மேலும் கீழும் மிதந்து கொண்டிருந்தது. முட்டை மிதப்பதை வைத்துத் தண்ணீரின் வெப்பத்தைக் கணக்கிட்டார். அவர் கண்டுபிடித்த இந்தத் தத்துவம்தான் 'தெர்மா மீட்டர்' (Thermometer) கண்டுபிடிப்புக்கு அடித்தளமாக அமைத்தது.

இன்றும் மருத்துவ உலகத்திற்கு மனிதனின் உடல் வெப்பத்தைப் பார்ப்பதற்கு நாம் பயன்படுத்தும் தெர்மா மீட்டருக்கு அடிதளம் அமைத்துக் கொடுத்தவர் கலீலியோ தான்.

◆ ◆ ◆

கலீலியோவின் கண்டுபிடிப்புகளில் 'சூரியக் கறை'யைக் (Sunspot) குறிப்பிட்டுச் சொல்ல வேண்டும். காரணம், சூரியனை வெறும் கண்களில் பார்த்தாலே கண்கள் கூசும். அப்படியே ஆசைப்பட்டு பார்த்தாலும் கண்கள் பாதிக்கப்படும்.

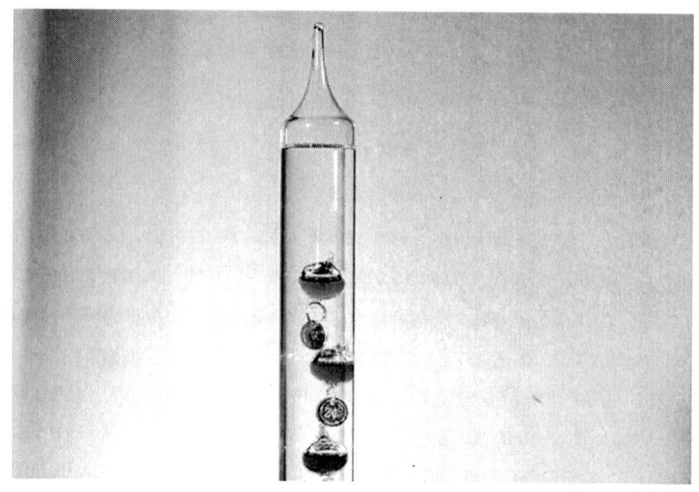

"Thermoscope"

சூரியனில் இருக்கும் கறையைச் சுற்றிக் குறைந்த வெப்பம் இருக்கும். அதனால், அந்தக் கறை மிகத் தெளிவாக பூமியில் இருப்பவர்களுக்குத் தெரியும். ஒளிவீசும் சூரியனை பூமியில் இருந்து பார்க்கும்போது அதில் கறை படிந்திருப்பது போல் இருக்கும். அதனால், அதைச் 'சூரியக்கறை' என்று அழைத்தனர்.

சூரியக்கறையானது டெலஸ்கோப் உதவியில்லாமல் சாதாரண கண்களிலேயே நம்மால் பார்க்க முடியும். ஆனால், சூரியனில் கறை இருப்பதை உற்றுப் பார்த்து கண்டு பிடித்தவர் கலீலியோதான்.

இந்தக் கறை பதினோரு வருடங்களுக்கு ஒருமுறை வந்து செல்லுமென்று சொல்லுவார்கள். நிலவின் கறைகளைப் பற்றிக் கவிதை வந்த வேளையில், கண்ணைக் கூசும் சூரியனின் கறையைக் கண்டுபிடித்த கலீலியோவின் அறிவியல் திறமையைப் பாராட்டாமல் இருக்க முடியாது.

11. கோப்பர்னியன் தியரி

நிக்கோலஸ் கோப்பர் நிக்ஸ் என்பவர் போலந்து நாட்டைச் சேர்ந்த அறிவியல் அறிஞர். தொலைநோக்குக் கண்ணாடிக் கருவி இல்லாத காலத்திலேயே அவர் "சூரியன்தான் இந்தப் பிரபஞ்சத்தின் மையம். பூமியில்லை. சூரியன் இதைச் சுற்றி ஓடுகிறது என்று சொல்லுவது தவறு. பூமி தன்னைத்தானே சுற்றிக் கொள்கிறது. இந்தக் காரணங்களால்தான் பருவ காலங்கள் மாறி வருகின்றன" என்று கூறினார். இதை 'கோப்பர்னியன் தியரி' என்று அழைத்தனர்.

கலீலியோ, 'கோப்பர்னியன் தியரி' பற்றித் தனது டெலஸ்கோப்பால் ஆராய்ச்சி செய்துகொண்டு இருந்தார். கலீலியோவின் இந்த ஆராய்ச்சியில் அவருக்கு உதவியாக இருந்தவர், அவரது நண்பர் காஸ்டெல்லி. அவர் கலீலியோவின் நண்பர் மட்டுமல்ல, அவரின் மாணவர். கலீலியோவின் சிபாரிசின் பேரில்தான் காஸ்டெல்லிக்கு பைசா பல்கலைக்கழகத்தில் பேராசிரியர் வேலை கிடைத்தது. ஒரு முறை காஸ்டெல்லியை கலீலியோ விருந்துக்கு அழைத்தார். அப்போது அவருடன் 'கோப்பர்னியன் தியரி' பற்றி விவாதித்தார். கோப்பர்னியன்

தியரியையும், புனித நூல் 'ஜோஷ்வா' பற்றியும் விவாதிக்கும் போது கஸ்டெல்லி பல கேள்விகளைக் கேட்டார். அவர் கேட்ட கேள்விகளுக்கு விளக்கமும் கொடுத்தார்.

கலீலியோவின் மாணவர் காஸ்டெல்லிக்கு ப்ளாரன்ஸ் நகரில் இருக்கும் மெடிஸி மாளிகையில், சீமான் இரண்டாம் காஸிமோ முன்பு 'கோப்பர்னியன் தியரி' பற்றி விவாதம் செய்ய சந்தர்ப்பம் கிடைக்கிறது. அதில், காஸ்டெல்லி 'கோப்பர்னியன் தியரி' எப்படி பைபிளில் இருக்கும் வாசகங்களில் இருந்து வேறுபடுகிறதென்று கூற வேண்டும். காஸ்டெல்லி கோப்பர்னியன் தியரி பற்றி ஆதரவாக அந்த மாளிகையில் பேசினார். அந்த மாளிகையில் கலீலியோவும் இருந்தார். தன் மாணவனின் வாதத்தை மிகுந்த ஆர்வத்துடன் அவர் கேட்டுக் கொண்டிருந்தார். வாதத்தின் இறுதியில் கலீலியோவின் மாணவர் காஸ்டெல்லிதான் வெற்றி பெற்றார். இருந்தாலும், தன் மாணவனின் வாதம் கலீலியோவுக்கு ஏற்றுக் கொள்ளும் படியாக இல்லை.

கலீலியோ தனது தொலைநோக்கும் கருவியால் பிரபஞ்சத்தில் இருக்கும் உண்மையை எல்லோருக்கும்

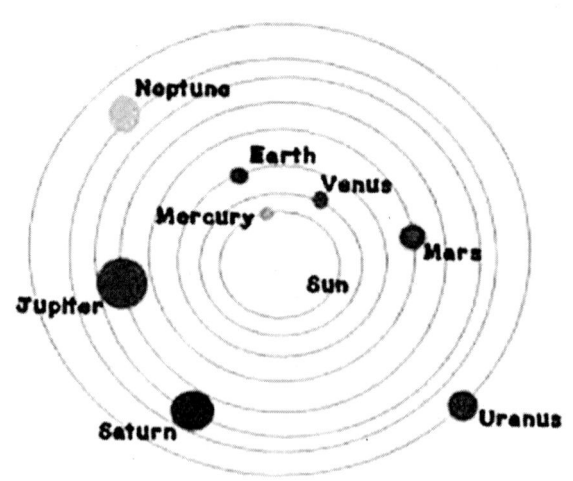

விளக்கிக் கூறினார். 'கோப்பர்னியன் தியரி' பற்றி விளக்கி அவருக்குத் தெளிவுபடுத்தும் வகையில் கடிதங்கள் எழுதினார். அக்கடிதங்களில் சமயம் குறித்தும், அறிவியல் குறித்தும் கூறியிருந்தார்

கலீலியோவுக்கு வேண்டாதவர்கள் சில பேர் அக்கடிதத்தை நகலெடுத்து ரோம் நகரில் இருக்கும் திருச்சபைக்கு அனுப்பிவிட்டனர்.

கத்தோலிக்கத் திருச்சபையில் இருப்பவர்கள் அக்கடிதத்தைப் பார்த்ததும் அதிர்ச்சி அடைந்தனர். கலீலியோ கிறிஸ்த்து மதத்திற்கு எதிராகச் செய்திகளைப் பரப்புவதாகக் குற்றம் சாட்டப்பட்டார்.

பிற்காலத்தில் "Letter to the Grand Duchess" என்ற பெயரில் அது வெளியிடப்பட்டது.

12. ஆலயக் குற்றச்சாட்டு

கிறிஸ்த்துவின் புனித நூலான பைபிளில் இருந்து சில வரிகள்.....

க்ரோனிக்கல்ஸ் 16:30

"உலகம் உறுதியாக நிலைநாட்டப்பட்டது, அது அசையாது"

ப்லாசம் 104:5

"கடவுள் உலகத்தை அஸ்திவாரம் கொண்டு அமைத்திருக்கிறார், அது நகராது"

எக்லேசியஸ்ட்ஸ் 1:5

"சூரியன் உதயமாகி, மறைந்து மீண்டும் உதயமான இடத்திலே வந்து அடையும்"

அன்றைய காலக்கட்டத்தில் உலகத்தைச் சூரியன் சுற்றி வருவதாகத்தான் நம்பி வந்தார்கள். பூமிதான் இந்தப் பிரபஞ்சத்தின் நடுவில் இருப்பதாகவும் கருதி வந்தார்கள். இதைத்தான் கிறிஸ்த்து பைபிளில் கூறப்பட்டு இருந்தது.

கலீலியோ கூறிய கருத்தும், பைபிளில் சொல்லப்பட்ட கருத்தும் எதிர்மறையாக இருந்தது. அதனால், கலீலியோவை 'இன்குஸ்செஷன்' என்ற விசாரணை அமைப்புக்கு அழைத்தனர்.

'இன்குஸ்செஷன்' (Inquisition) என்பது ரோம் கத்தோலிக் திருச்சபையினர்களால் தொடங்கப்பட்ட அமைப்பு. அந்த அமைப்பு கிறிஸ்த்துவ மதத்துக்கு எதிரான கொள்கைகள், வதந்திகள் என எதிர்மறைக் கருத்துகளைப் பரப்புவர்களின் மேல் விசாரணை நடத்துவார்கள். 'மதத்துரோகி' என்ற குற்றம் சாட்டப்பட்டவர்கள் இந்த 'இன்குஸ்செஷன்' குழுவினர்களால் விசாரிக்கப்படுவர். குற்றம் நிரூபிக்கப்பட்டால், அந்தக் குற்றவாளிக்கு மரண தண்டனையோ அல்லது ஆயுள் தண்டனையோ கொடுப்பார்கள்.

1616 ஆம் ஆண்டு விசாரணை நடந்தது. அந்த விசாரணை மன்றத்தின் தலைவராக இருந்தவர் கார்டினல் ராபர்ட் பெல்லார்ன்மினோ. இவர் ஒரு கிறிஸ்த்துவத் துறவி. போப் மெர்செல்லஸ்யின் உறவினர். லத்தின் மொழிகளில் பல கவிதைகள், பாடல்கள் எழுதியவர். கிறிஸ்த்து மதப் பெருமை பற்றிப் பல நூல்களை அவர் எழுதியிருக்கிறார். கலீலியோ பற்றிய வழக்குக்கு பெல்லார்ன்மினோதான் தகுதியானவர் என்று கருதினர். மதக் குற்றத்திற்காக கலீலியோ பெல்லார்ன்மினோவின் முன்பு நிறுத்தப்பட்டார். அப்போது கலீலியோவுக்கு வயது 52!

விசாரணையின் போது பெல்லார்ன்மினோ கலீலியோவிடம் "பூமியே இந்தப் பிரபஞ்சத்தின் மையம். சூரியனே இந்தப் பூமியைச் சுற்றி வருகிறது என்பதைத்தான் புனித விலிலிய நூலில் கூறப்பட்டுள்ளது. அதுதான் உண்மை. நீங்கள் அதை மறுத்து, கோப்பர் நிக்கஸின் கருத்தை ஆதரித்து, "சூரியனே இந்தப் பிரபஞ்சத்தின்

மையமென்றும், பூமியே சூரியனைச் சுற்றி வருகிறதென்றும்” கூறி வருவதாக உங்கள் மீது குற்றம் சுமத்தப்பட்டுள்ளது. இதற்கு நீங்கள் கூறும் விளக்கம்”. என்னவென்று அவரிடம் கேட்டார்.

“இந்த உண்மையை நான் ஒரு நாளில் கண்டுபிடிக்கவில்லை. பல நாடகள் விண்வெளி ஆராய்ச்சியில் ஈடுபட்டதன் காரணமாகக் கண்டு பிடிக்கப்பட்ட உண்மையது. என் கண்டுபிடிப்பில் எந்தத் தவறுமில்லை.” என்று கலீலியோ விளக்கம் கூறினார்.

“நிறுத்துங்கள். நீங்கள் கூறுவது பைத்தியக்காரத் தனமானது. உங்கள் வதந்தியால் பல குழப்பங்களை எற்படுத்த நினைக்கிறீர்கள்.”

“இல்லவே இல்லை. கோப்பர் நிக்ஸின் கருத்துகளை நன்றாக ஆராய்ந்து எடுத்த முடிவு அது. நீங்கள் அனுமதி தந்தால் என்னால் நிருப்பித்துக் காட்ட முடியும்.” என்றார் கலீலியோ.

“இது சமய விரோதமானது ஆகும். பிரபஞ்சம், சூரியன், பூமி ஆகியன பற்றி நீங்கள் கூறி வரும் சமய விரோதக் கருத்துக்களைக் கைவிட வேண்டும். அவையெல்லம் பற்றிச் சிந்திக்கக் கூடாது. எழுதக் கூடாது. இன்னும் தெளிவாகச் சொல்லுவதென்றால் அதைப் பற்றிப் பேசவோ ஆதரிக்கவோ கூடாது” என்று பெல்லார்ன்மினோ கட்டளையிட்டார். “மன்றத்திடம் மன்னிப்பு கேட்டு, இனி இதுபோல் நடக்காது என்று எழுதிக் கொடுக்க வேண்டும். இதை மறுத்தால் விளைவுகள் கடுமையாக இருக்கும்” என்று எச்சரித்தனர். திருச்சபையை எதிர்த்துத் தனக்கு ஆதரவு தர யாரும் முன் வர மாட்டார்கள் என்று கலீலியோவுக்கு நன்றாகத் தெரியும். கார்டினல் பெல்லார்ன்மினோ கடுமையாகவே கூறியிருந்தார். வேறு வழியின்றி கலீலியோவும் தன்

மனசாட்சிக்கு விரோதமாக அவர் கூறியபடியே எழுதித் தர சம்மதித்தார்.

கலீலியோ தன்னைத் தற்காத்துக்கொள்ள கூறிய கருத்துக்கள் எல்லாவற்றையும் வெளியிடாமல் தடை செய்தனர். அவர் கூறிய கருத்துக்களை வழக்குக் குறிப்புக்களில் இருந்து நீக்கினர். அதை வெளியே சொல்லக் கூடாதென்றும் எச்சரித்தனர்.

இந்த விசாரணையால் கலீலியோ சற்று மனமுடைந்து போனார்.

13. போப் நண்பர்

விசாரணை முடிந்த பிறகு தான் செய்யும் ஒவ்வொரு காரியத்தையும் கலீலியோ மிகக் கவனமாகச் செய்தார்.

அப்போது கலீலியோ 'அஸ்ஸையர்' (Assayar & IL Saggaiatore) என்ற நூலை எழுதிக்கொண்டு இருந்தார். அந்த நூலில் கலீலியோ அரிஸ்ட்டாட்டிலின் கொள்கையில் இருந்த தவறுகள் பற்றி விளக்கி எழுதியிருந்தார். மேலும் அந்த நூலில் தன்னுடைய புதிய இயற்பியல் தத்துவங்களையும் கூறியிருந்தார். அவர் அரிஸ்ட்டாட்டிலின் தத்துவங்களின் தவறுகளை நிரூப்பிக்க மேற்கொண்ட எல்லாப் பரிசோதனைக் குறிப்புகளையும் அந்த நூலில் குறிப்பிட்டிருந்தார்.

'அஸ்ஸையர்' நூலில் கணிதத்தைப் பற்றி கலீலியோ சிறப்பாகக் கூறியிருந்தார். "கணிதம் கடவுளுடைய மொழி. கணிதத்தை வெறுப்பவன் தன்னைத்தானே இருட்டில் தள்ளிக்கொள்கிறான்" என்று குறிப்பிட்டு இருந்தார். இப்போதுதான் ஒரு பெரிய கண்டத்தில் இருந்து தப்பித்து வந்தார். இந்த சமயத்தில் அஸ்ஸையர் நூலை வெளியிட்டால் மீண்டும் அது ஆபத்தில் கொண்டு போய் விடுமோ என்று அஞ்சினார். அப்போது கலீலியோவுக்கு ஒருவரின் அறிமுகம் கிடைத்தது. அவர் பெயர் 'மாப்போ பர்பெரினி'.

மாப்போ பர்பெரினி கலீலியோவின் அறிவாற்றலால் ஈர்க்கப்பட்டார். அச்சமயத்தில் மாப்போ பர்பெரினி போப் எட்டாம் அர்பனாகத் தேர்வு செய்யப்பட்டு இருந்தார். கலீலியோ பரிசோதனைகளுக்குப் பக்க பலமாக இருந்து உதவி செய்ய முன் வந்தார். அவரின் உதவியோடு 1624ஆம் ஆண்டு, 'அஸ்ஸையார்' நூலை கலீலியோ வெளியிட்டார். அது மட்டுமில்லாமல், அந்த நூலைத் தனக்கு உதவியாக இருந்த போப் எட்டாம் அர்பனுக்குச் சமர்பித்து தனது நன்றியைத் தெரிவித்தார்.

அடுத்து பல ஆண்டுகளாக அவர் அடிமனதில் ஓடிக் கொண்டிருந்த விஷயத்தை நூலாக எழுத நினைத்தார். அவர் எழுத நினைத்த அந்த நூல்தான் அவருடைய வாழ்க்கைப் பாதையையே மாற்றியது. அப்படி அவர் எழுத நினைத்தது சர்ச்சைக்குரிய 'கோப்பர்னியன் தியரி'. இதற்கு முன்பே ஒரு கடித விஷயத்தில் மாட்ட வைத்த அதே 'கோப்பர்னியன் தியரி'. ஆனால், மீண்டும் அப்படி ஒரு சிக்கலில் மாட்டிக் கொள்ளக்கூடாது என்பதில் கவனமாகச் செயல்பட வேண்டுமென்று நினைத்தார். திருச்சபையிடம் இருந்து அனுமதி வாங்கிய பிறகு தனது வேலையைத் தொடங்கலாமென்று இருந்தார். அப்போது, தன் ஆராய்ச்சிப் பணிகளை விரும்பும் போப் எட்டாம் அர்பனிடம் உதவி கேட்டுச் சென்றார். கலீலியோ தான் எழுதப் போகும் 'கோப்பர்னியன் தியரி' பற்றி அவருக்கு விளக்கி, அதைப் பற்றி எழுத அனுமதி கேட்டார்.

போப்பால், கலீலியோவின் விருப்பத்தை நிராகரிக்க முடியவில்லை. அதே சமயம் தன் மதத்திற்கு எதிராகக் கருத்துக்கள் வராமல் பார்த்துக்கொள்ள வேண்டும். அதனால், அவர் தனியாக முடிவெடுக்கமால் அவரையும் சேர்த்து ஒரு குழு அமைத்தார். கலீலியோ எழுதப் போகும் நூலை எழுதும் முன்பு இந்தக் குழுவில் இருப்பவர்களுக்கு விளக்க வேண்டும். அவர் கொடுக்கும் விளக்கத்தில் அந்தக் குழு உருப்பினர்களுக்குத் திருப்தி இருந்தால் மட்டுமே

அனுமதி வழங்க முடியுமென்றார். கலீலியோவும் இதை ஏற்றுக்கொண்டார்.

திருச்சபை குழுவினர்களுக்கு விளக்கிச் சொல்ல, பல இரவுகள் கண் விழித்து தன்னைத் தயார்படுத்திக் கொண்டார். எப்படிப்பட்ட கேள்விகள் எழும், அதற்கு எப்படியெல்லாம் பதிலளிக்க முடியுமென்று யோசித்தார்.

தன்னைத் தயார் படுத்திக்கொண்ட கலீலியோ, தான் எழுதப் போகும் நூலைப் பற்றிய குறிப்புகளை எடுத்துக்கொண்டு திருச்சபைக்குச் சென்றார். போப் அர்பன் மற்றும் இன்னும் சில மத குருமார்கள் அந்தக் குழுவில் இருந்தனர். தன் கையில் இருந்த குறிப்புகளைக் கையில் வைத்துக்கொண்டு அவர்களுக்குப் பள்ளியில் வகுப்பு எடுப்பது போல் 'கோப்பர்னியன் தியரி'யை விளக்கினார். இருந்தாலும், அந்தக் குழுவினர்களுக்குத் திருப்திகரமாக இல்லை. ஒரு சில கேள்விகளுக்கு கலீலியோ அளித்த பதிலை அவர்கள் ஏற்றுக்கொள்ளவில்லை. அவர்களுடைய கேள்விகளுக்கு எல்லாம் திருப்திகரமான பதிலை அளித்தால் மட்டுமே அனுமதி அளிப்பதாகக் கூறினர்.

மீண்டும் தன்னைத் தயார்படுத்திக் கொள்ள பல புத்தகங்களையும் படித்தார். அவர்களின் கேள்விகளுக்குப் பதிலுடன் தயார் நிலையில் தன்னை வைத்துக்கொண்டு திருச்சபைக்குச் சென்றார். இந்த முறை வேறு சில கேள்விகளுக்கு அவரால் பதிலளிக்க முடியவில்லை. இரண்டாவது முறையும் திருச்சபை குழுவினர்கள் கலீலியோ விளக்கத்தில் அதிருப்தி அடைந்தனர். ஒவ்வொரு முறையும் கலீலியோவுக்கு ஏதாவது ஒரு காரணத்தால் அனுமதி மறுக்கப்பட்டு வந்தது.

கிட்டத்தட்ட கலீலியோ ஆறு முறை போப் அர்பனுக்கும், திருச்சபையில் மற்ற பாதரியார்களுக்கும் விளக்கிக் கூறினார். இறுதியில், 'கோப்பர்னியன் தியரி'

பற்றி எழுத கலீலியோவுக்கு அனுமதி வழங்கப்பட்டது. கலீலியோவுக்கு அனுமதி வழங்கும்போது 'கோப்பர்னியன் தியரி' பற்றி கவனமாக எழுத வேண்டுமென்றும், மதக் கொள்கைகளைத் தாக்காமல் மிகவும் கவனத்துடன் எழுத வேண்டுமென்றும் கூறினார்.

1624 ஆம் ஆண்டு, திருச்சபையின் அனுமதியைப் பெற்றுக் கொண்டு நூல் எழுதும் பணியைத் தொடங்கினார். அந்த நூலை எழுதுவதற்காகப் பல பரிசோதனைகளை மேற் கொண்டார். 'கோப்பர்னியன் தியரி' பற்றிய புத்தகங்களைத் தேடிப் பிடித்துப் படித்தார். அவர் எழுதும் நூலின் ஒவ்வொரு வார்த்தைகளையும் சிலையைச் செதுக்குவது போல் பார்த்துப் பார்த்து எழுதினார். போப் தன் மீது வைத்திருக்கும் நம்பிக்கையைக் காப்பற்ற வேண்டுமென்பதில் மிகக் கவனமாக இருந்தார். ஒரு வழியாக 1630-ஆம் ஆண்டு அந்த நூலை எழுதி முடித்தார். அதாவது ஆறு வருடங்களாக 'கோப்பர்னியன் தியரி' பற்றிய நூலை எழுதினார்.

நூலை எழுதி முடித்தாலும், அவரால் உடனே வெளியிட்டு, அடுத்தடுத்த வேலைகளில் ஈடுபட முடியாமல் இருந்தார். காரணம், அக்காலத்தில் நூல்களை வெளியிடும் முன்பு திருச்சபையில் இருந்து சென்சார் அனுமதியை வாங்க வேண்டும். அதனால், தனது நூலை ப்ளாரன்ஸ் திருச்சபைக்கு அனுப்பி வைத்தார். அங்குதான் கலீலியோவுக்குச் சிக்கல்கள் வர ஆரம்பித்தன.

திருச்சபையின் சென்சார் சட்டப்படி அதில் இரு வரிகளை நீக்கச் சொன்னால் பரவாயில்லை. அதிகபட்சமாக ஐந்தாறு பக்கங்களை நீக்கக் கட்டளை யிட்டாலும் பரவாயில்லை என்று சொல்லலாம். ஆனால், அவர்கள் நீக்கச் சொன்னது முழுப் புத்தகத்தையும்...!!

கலீலியோவின் நூலைப் பார்த்ததும் போப் எட்டாம் அர்பன் அவர்களுக்குக் கோபம் தலைக்கு ஏரியது. காரணம்,

நூலை எழுதத் தொடங்கும் முன் மதக் கொள்கைகளைப் பற்றி பாதிக்காமல் எழுத வேண்டுமென்று கூறித்தான் அனுமதி அளித்தார். கலீலியோவும் அதற்குச் சம்மதித்தார். ஆனால், கலீலியோ நூலைக் கொடுக்கும் போது பைபிளின் கொள்கைகளுக்கு எதிர்மறையாக எழுதியிருந்தார். தன் வார்த்தைகளுக்கு மதிப்பு கொடுக்காமல், கலீலியோ தன் இஷ்டத்துக்கு எழுதிவிட்டதாக அவர் நினைத்துக் கொண்டார்.

ப்ளாரன்ஸ் திருச்சபை அனுமதி வழங்கினாலும், ரோம் திருச்சபை அனுமதி கொடுக்க மறுத்தார்கள். உலகிலுள்ள எல்லாத் திருச்சபைகளுக்கும் ரோம் நகரில் உள்ள திருச்சபைதான் தலைமையாக இருந்தது. அதனால், இறுதி முடிவு அவர்களுடையதாகவே இருந்ததால் கலீலியோ எழுதிய நூலை வெளியிடுவதற்கு அவர்கள் தடைவிதித்தனர்.

14. மீண்டுமொரு குற்றச்சாட்டு

பத்து மாதம் சுமந்து பெற்ற குழந்தை ஊனமென்றாலே ஒரு தாயால் தாங்கிக் கொள்ள முடியாது. ஆறு வருடங்களாகச் சிரமப்பட்டு, பல பரிசோதனைகள் செய்து தான் எழுதிய நூலை ஒரு கனத்தில் வெளி யிடத் தடைவித்ததை கலீலியோவால் தாங்கிக்கொள்ள முடியவில்லை.

"மதத்தைத் தாக்காமல் ஆயிரம் பொய்யான கதைகள் எழுதலாம். மதத்தைப் பாதிக்கும் ஒரு உண்மையைக் கூட அந்தக் காலத்தில் சொல்லக்கூடாது." – இப்படியொரு கொள்கையில்தான் அன்றைய கிறிஸ்த்து மத நம்பிக்கைகள் இருந்தன.

கலீலியோ எழுதிய நூலின் பெயர் "Dialague on the Chief world systems". இந்த நூலின் மூலம் கலீலியோ மீண்டும் சர்ச்சையில் சிக்கினார். சென்ற முறை கலீலியோ கிறிஸ்த்துவ மதத்திற்கு எதிராக வதந்திகள் பரப்புவதாகக் குற்றம் இருந்த போது அவர் காஸ்டெல்லிக்கு எழுதிய கடிதம் ஆதாரமாக இருந்தது. அதே போல், இப்போது கலீலியோ எழுதிய நூல் அவருக்கு எதிராக இருந்தது. *1633*–ஆம் ஆண்டு, கலீலியோவின் மீது மீண்டும் மத

விரோதக் குற்றம் சுமத்தப்பட்டு இரண்டாவது முறையாக விசாரணை மண்டபத்திற்கு அழைத்து வரப்பட்டார். அப்போது அவருக்கு வயது அறுபத்தி எழு!

அந்த விசாரணையின் போது அவருடைய உடல் நிலை மிகவும் மோசமாகவே இருந்தது. அவரால் விசாரணையில் கலந்துகொள்ள முடியாத நிலை. தனது உடல் நிலையை விசாரணை மன்றத்திற்குத் தெரிவித்தார். ஆனால், விசாரணை மன்றம் அவர் உடல் நலத்தைப் பற்றிக் கவலைப் படவில்லை. விசாரணைக்கு வராவிட்டால், விசாரணைக் குழுவினரின் கட்டளைக்கு வர மறுத்த குற்றத்திற்காகத் தண்டிக்கப்படுவாய் என்று மிரட்டினார்கள்.

ஜனவரி மாதம் 1633, கலீலியோ விசாரணைக்காக ரோம் நகருக்கு அழைத்து வரப்பட்டார். விசாரணை மன்றத்தில் இருப்பவர்கள் பலரும் கலீலியோவுக்கு மரண தண்டனைதான் கிடைக்குமென்று நினைத்தார்கள். காரணம், கலீலியோ கூறிய அதே கருத்தைத்தான் புனோ கூறினார். பல வருடங்களுக்கு முன்பு "பூமி சூரியனை மையமாகச் சுற்றுகிறது" என்று முதன்முதலில் கூறியவர் கியோடர்னோ புருனோ. இவர் கிறிஸ்த்துத் துறவியாக இருந்தாலும், பைபிளில் இருக்கும் தவறினைச் சுட்டிக் காட்டினார். இதை போப்பாண்டவர்கள் எதிர்த்தனர். அவர் மத தூரோகம் செய்துள்ளதாகக் குற்றம் சாட்டினர். 1600–ஆம் ஆண்டு அவரை உயிரோடு கம்பத்தில் கட்டி வைத்து எரித்தனர். கியோடர்னோ புருனோவின் முடிவைப் பார்த்து "பூமி சூரியனைச் சுற்றுகிறது" என்று பேசவே பலர் பயந்தனர். புருனோ இறந்து முப்பத்தி மூன்று வருடங்கள் கழித்து அதே உண்மையைக் கூறும் துணிச்சல் கலீலியோவுக்கும் வந்தது. புருனோவை எரித்த சம்பவம் பலரின் நினைவிலும் இருந்தது. ஆகவே கலீலியோவுக்கும் அதே முடிவுதான் என்று எல்லாரும் கருதினார்.

கலீலியோ மீது இருந்த விசாரணை கிட்டத்தட்ட ஆறு மாத காலம் நடந்தது. விசாரணையின் முடிவில் 'பூமி சூரியனைச் சுற்றவில்லை' என்று கலீலியோவை மாற்றிக் கூறவேண்டி விசாரணை மன்றம் வற்புறுத்தியது. ஆனால், தள்ளாத வயதிலும், மனம் தளராத கலீலியோ தன் கருத்திலிருந்து சற்று கூடப் பின் வாங்காமல் "பூமி சூரியனைச் சுற்றவில்லை" என்று கூறினார்.

கலீலியோ – திருச்சபை வழக்கின் தீர்ப்பைப் பலரும் எதிர்பார்த்துக் கொண்டு இருந்தனர்.

கலீலியோவின் வயதையும், உடலின் நிலையையும் கருத்தில்கொண்டு அவருக்கு அயுள் காலம் வரை வீட்டுக் காவலில் வைக்கப்பட வேண்டுமென்று தீர்ப்பளித்தனர். அது மட்டுமல்லாமல், ஆறு வருடங்களாகக் கண் விழித்து, பல பரிசோதனைகள் செய்து எழுதிய 'இருபெரும் உலக அமைப்புகள் பற்றிய சொற்போர்' (Dialague on the Chief world systems) என்ற கலீலியோவின் நூலைத் தீயிட்டுக் கொளுத்தும்படி ரோம் மதகுருமார்கள் கட்டளையிட்டனர். கலீலியோவின் சிறைத் தண்டனை செய்தியை எல்லாப் பல்கலைக்கழகங்களிலும் வாசிக்கப் பட வேண்டுமென்றும் கட்டளையில் எழுதி வைத்தார்கள்.

விசாரணையின் முடிவில் கலீலியோ ஆர்செட்ரி என்னுமிடத்தில் வீட்டுச் சிறை வைக்கப்பட்டார். கலீலியோவின் நண்பர் மாப்போ பர்பெரினி எவ்வித உதவியும் செய்ய முன் வரவில்லை. கலீலியோவின் நட்பை விடத் தான் போப் எட்டாம் அர்பன் என்ற எண்ணம்தான் அவர் மனதில் ஆழமாக இருந்தது.

கலீலியோவை வீட்டுக் காவலில் வைக்கப்பட்டாலும் ஒரு சிறைக் கைதியை நடத்துவது போல்தான் நடத்தினார்கள். "சூரியன் பூமியைச் சுற்றுகிறது" என்ற போது மக்களிடம் சொல்ல அவரைக் கட்டாயப்படுத்தினார்கள். அவர் கண்டுபிடித்த விஷயத்தை அவரே மறுத்துப் பேச

வேண்டுமென்றெல்லாம் கொடுமை செய்தனர். பல நாட்கள் உழைத்து எழுதிய கண்டுபிடிப்பைத் தவறென்று கூறுவது மிகப் பெரிய கொடுமை. இப்படியெல்லாம் சித்திரவதை செய்வதற்கு கலீலியோவுக்கு மரண தண்டனையே கொடுத்திருக்கலாம் என்று பலரும் நினைத்தனர். அந்த மத குருமார்களை எதிர்ப்பது அரசரை எதிர்ப்பது போன்றது. அரசர்கள் கூட மதகுருமார்கள் பேச்சைத்தான் கேட்பார்கள். அவர்களுக்குக் கீழ் படிந்து தான் நடப்பார்கள். மதகுருமார்கள் தீர்ப்பை மாற்றவோ, எதிரித்துக் கேள்வி கேட்கவோ அரசருக்கே உரிமை யில்லாத போது, பொது மக்களால் மட்டும் என்ன செய்துவிட முடியும்.

கிறிஸ்த்து மதகுருமார்கள் தன் மீது விசாரணை வைத்துத் தண்டனை வழங்கிய போது கூட அவருக்கு கிறிஸ்த்து மதத்தின் மீது கோபம் வரவில்லை. அவர்களின் அறியாமையைக் கண்டுதான் கவலைப்பட்டார்.

புயல் போல் தண்டனையை அறிவித்த சமயத்தில், பெரும் இடியைப் போல் இன்னொரு செய்தி கலீலியோவுக்கு வந்தது. கலீலியோவின் விசாரணை சமயத்தில் அவருக்குப் பக்க பலமாக இருந்தவர், அவரது மகள் மரியா. கலீலியோ மனம் தளரும் போதெல்லாம் மரியா அவருக்கு ஆறுதல் கூறுவார். கலீலியோவுக்கு தண்டனை அறிவித்து ஆர்செட்டி என்ற இடத்திற்குக் கொண்டு சென்ற நான்கு மாதத்தில், மரியாவின் உடல் நலக் குறைவால் அவர் 1934 ஆம் ஆண்டு இறந்தார்!!

தன் பாசத்துக்குரிய மகளின் மரணம் கலீலியோவை வேதனையில் ஆழ்த்தியது.

வான் மண்டலத்தின் இரகசியங்களையெல்லாம் கண்டறிந்து உலகிற்குச் சொன்ன கலீலியோ, 1637ஆம் ஆண்டு கண்பார்வை இழந்து குருடர் ஆனார். அந்த நிலையைப் பற்றித் தன் நண்பருக்குக் கடிதம் எழுதினார்.

"நான் இந்த அழகான உலகத்தைப் பார்க்க முடியாத படி முழுக் குருடனாகி விட்டேன். வானம், பூமி அழகையெல்லாம் உலகத்திற்கு எடுத்துக்காட்டி, உலக அறிவை விரிவுபடுத்திக் காட்டியதற்குத் தண்டனையாக என் கண்களை இழந்து விட்டேன். இயற்கையின் சித்தம் இதுவென்றால் எனக்கு இதுவும் மகிழ்ச்சி தரக் கூடியதாகும்" என்றார்.

கலீலியோ வீட்டுக் காவலில் இருந்த போது பலரும் அவரைப் பார்க்க வந்தார்கள். அவரைப் பார்க்க வந்த ஒருவர் கலீலியோவால் பிற்காலத்தில் மிகப் பெரிய புரட்சிக் கவிஞராக மாறினார். அவர்தான் ஜான் மில்டன்!! இவருடைய 'பாரடைஸ் லாஸ்ட்' காவிய நூல் திருச்சபையால் தடை செய்யப்பட்டது. புட்சிக்கவிஞர் ஜான் மில்டனுக்கு உத்வேகமாய் இருந்தவர் கலீலியோ தான்.

சிறையிலிருந்த படியே கலீலியோ 'மெக்கானிக்ஸ்' எனப்படும் 'இயக்கவியல்' பற்றிய நூலை எழுதினார். இது 1589-1592 காலக்கட்டத்திலேயே எழுதத் தொடங்கிய நூல். அவரது கண்பார்வை மங்கிய நிலையில் அதைப் பற்றி மீண்டும் எழுத நினைத்தார். ஆனால், தன் குறிப்புகளை அவரால் போதிய பரிசோதனை செய்ய முடியவில்லை. இறுதி வரைக்கும் "டி-மெடோ" (On Motion) என்ற நூலை கலீலியோவால் வெளியிட முடியவில்லை.

கலீலியோ கண் பார்வை இழந்த நிலையிலும் மற்றவர்களுக்குக் கணிதப் பயிற்சிகள் கொடுத்துக்கொண்டு இருந்தார். வின்சென்ஸிகோ விவியனி என்ற பதினேழு வயது மாணவன் கலீலியோவிடம் கணிதம் கற்க வந்தான். பார்வை இழந்த நிலையிலும் தனக்குத் தெரிந்த கணிதப் பாடங்களை அந்த மாணவனுக்குப் பயிற்சி அளித்தார். அந்த மாணவனும் கலீலியோவின் இறுதி நாட்களில் உதவியாக இருந்தான்.

கண் பார்வை இழந்த நிலையிலும் அவர் "Two New Science" என்ற நூலை எழுதினார். தன் நாற்பதாண்டு கண்டுபிடிப்புகளை எல்லாம் தொகுத்து இந்த நூலில் அவர் குறிப்பிட்டிருந்தார். கலீலியோவின் மாணவன் வின்செஸ்ஸிகோ விவியனி அவர் சொல்லச் சொல்ல எழுதினான். இயக்குவியல் பற்றிய நூல் என்பதால் இந்த நூலை வெளியிட பெரிய தடைகள் எதுவும் வரவில்லை.

அந்த நூலைப் படித்தவர்கள் பலரும் வியந்தனர். அவர் தன் பார்வையை இழந்தாலும், அறிவுக்கண்ணை இழக்கவில்லை. அவரின் தன்நம்பிக்கையை மெச்சாதவர்கள் யாருமில்லை. இந்நூலைப் படித்த நியூட்டன், ஐன்ஸ்டின் போன்ற அறிவியல் விஞ்ஞானிகள் கலீலியோவால் மிகவும் கவரப்பட்டனர். அவரின் கடின உழைப்பால் 'நவீன இயற்பியலின் தந்தை' எனவும் போற்றப்பெற்றார்.

எந்த ஒரு தொடக்கத்திற்கும் முடிவென ஒன்றுண்டு. தன் வாழ்நாள் முழுக்க அறிவியல், கணிதம், ஆராய்ச்சி என்றெல்லாம் கழித்த கலீலியோ இறுதி நாட்கள் வரை வீட்டுக்காவலில் இருந்தார். வாடி வதங்கி, உடல் மெலிந்து கண்கள் இழந்து 1642 ஆம் ஆண்டு காலமானார். அவர் இறக்கும் போது வயது எழுபத்தி எட்டு!!

கலீலியோ வாழும் போதுதான் பிரச்சனைகளுக்கு நடுவில் வாழ்ந்தார். ஆனால், இறந்த பிறகு அவரின் உடலும் பிரச்சனைகளில் மாட்டிக்கொண்டு தவித்தது. பல அறிவியல் உண்மைகளை உலகிற்குக் கூறிய கலீலியோவின் உடலை டஸ்கானி சீமான் அவர்கள் பாசிலிகா புனித மடத்தில் அடக்கம் செய்ய வேண்டுமென நினைத்தார். ஆனால், அவரை அடக்கம் செய்ய போப் எட்டாம் அர்பனும், மற்ற மதகுருமார்களும் எதிர்த்தனர். டஸ்கானி சீமானால் மதகுருமார்களை எதிர்த்து ஒன்றும் செய்ய முடியவில்லை. எந்த ஒரு ஆடம்பரமும், மரியாதையும் இல்லாமல் மிக எளிமையாகவே பாசிலிகா அருகிலுள்ள

நாவிசிஸ் சேப்பல் (novices chapel) என்னும் இடத்தில் அடக்கம் செய்து கலீலியோவின் உடலுக்கு இறுதி மரியாதை செய்தனர். 'நவீன இயற்பியலின் தந்தை' என்று அழைக்கப்பட்ட கலீலியோவுக்கு ஒரு நினைவுச் சின்னம் கூட இல்லை என்பதுதான் வருத்தமான உண்மை.

கணித ஆர்வத்தில் தன் வாழ்க்கையைத் தொடங்கி இயற்பியல், வானியல் என்று தன் ஆராய்ச்சிப் பயணத்தைச் செம்மையாகக் கொண்டு சென்றார். மத நம்பிக்கை அவர் பயணத்தில் வேக தடையாக வந்து, அவரின் ஆராய்ச்சிப் பணிகளுக்கு முற்றுபுள்ளி வைத்தது போல் இருந்தது. அந்தச் சமயத்திலும் தன்நம்பிக்கையுடன் புத்தகம் எழுதியுள்ளார் என்றால் அவருடைய மன வலிமையைக் கண்டு பாராட்டாமல் இருக்க முடியாது.

மதம் எந்த அளவுக்கு அறிவுக்கண்ணை மறைக்கும் என்பதற்கு கலீலியோ மீது திருச்சபை தொடர்ந்த வழக்கை உதாரணம் கூறலாம். இந்த நிகழ்ச்சி கிறிஸ்த்துவத்திற்கு ஒரு கரும்புள்ளியாக இருந்தது.

அதன்பின் வந்த அறிவியல் பரிணாம வளர்ச்சியில் பூமி உருண்டை என்பதும், அது சூரியனைச் சுற்றி வருகிறது என்றும் ஏற்றுக்கொண்டனர். கலீலியோவுக்குக் கொடுத்த தண்டனையை நினைத்துப் பிறகு எல்லோரும் வருந்தினர். அறிவியல் மாமேதையை மத நம்பிக்கை எப்படியெல்லாம் துன்பப்படுத்தியிருக்கிறது என்று நினைத்தனர். தங்கள் மதத்தின் மேல் இருக்கும் கரும்புள்ளியைத் துடைக்க, 1992–ஆம் ஆண்டு கிறிஸ்த்துவ மதகுருமார்கள் 400 ஆண்டுகளுக்கு முன் அறிவியல் வளராத காலத்தில் செய்த எல்லாத் தவறுகளுக்கும் போப் இரண்டாம் ஜான் பால் அவர்கள் மன்னிப்பு கேட்டுக் கொண்டார். அதில் கலீலியோவுக்குக் கொடுக்கப் பட்ட தண்டனையும் ஒன்று!!

கலீலியோவை "இயற்பியலின் தந்தை" என்று கூறினாலும், அவரது சமகாலத்தில் வாழ்ந்த கெப்ளர் இப்பட்டத்திற்குத் தகுதியுடையவர் எனக் கருதப்படுகிறது. எனினும் இந்த அறிவியல் உலகம் இருக்கும் வரை கலீலியோவின் புகழும் அழியாமல் இருக்கும்.

கலீலியோவைப் பெருமைப்படுத்த வானவியல் ஆறிஞர்கள் ஜூபிட்டர் நட்சத்திரங்களுக்கு காஸிமோ சகோதரர்கள் பெயரை மாற்றி, அதற்கு 'கலீலியோவின் நிலவுகள்' (Galileo's Moons) என்றும் பெயர் வைத்தனர்.

இன்றைக்கும் உலக மக்களின் உள்ளத்தில் தம் நினைவுச் சின்னத்தை எழுப்பி அங்கே நிரந்தரமாக கலீலியோ வாழ்ந்து வருகிறார். உலக அறிவியல் வரலாற்றில் கலீலியோவின் பெயர் என்றும் நீங்காமல் பெற்றிருக்கும்.

☯

15. கலீலியோவும், கெப்ளரும்

கலீலியோ தன் வாழ்க்கைப் பயணத்தில் எத்தனையோ கண்டுபிடிப்புகளைக் கண்டுபிடித்திருக்கிறார். அவருடைய ஒவ்வொரு கண்டுபிடிப்பும் மற்ற விஞ்ஞானிகளின் கண்டுபிடிப்புகளுக்கு உத்வேகமாக மட்டுமல்லாமல் அடித்தளமாகவும் இருந்துள்ளது. இப்படி, தன் வாழ்நாள் முழுக்க இயற்பியலுக்காக நேரத்தைச் செலவு செய்த கலீலியோவை 'இயற்பியலின் தந்தை' என அழைக்காமல் இருப்பதுதான் வருத்தம். 'அக்கால இயற்பியலின் தந்தை' என்று சொல்லப்பட்ட அரிஸ்ட்டாட்டிலின் கண்டுபிடிப்புகளைத் தவறென்று சொல்லும் அளவிற்கு அறிவுத் திறன் படைத்த கலீலியோவை இயற்பியலின் தந்தையென்று சொல்லமுடியாமல் போனதற்கு முக்கியக் காரணம் உண்டு.

'கோப்பர்னியன் தியரி'யை ஆதரித்து பூமி சூரியனைச் சுற்றி வருகிறதென்று தைரியமாகவும், மிகத் துணிச்சலாகவும் கூறினார். தனக்கு மரண தண்டனை கிடைத்தாலும் பரவா யில்லையென்று தன் கருத்திலிருந்து அவர் மாறவில்லை. ஆனால், கலீலியோவால் தன் கருத்தை நிரூப்பிக்கும்

அளவில் மாதிரி வடிவத்தை அவரால் கொடுக்க முடியவில்லை. அது மட்டுமில்லாமல் 'கோப்பர்னியன் தியரியை' ஆதரித்து மிக அபத்தமான கருத்தையும் கூறினார். "கடல் அலை வருவது பூமி சூரியனைச் சுற்றி வருவதால்தான்" என்றார். கலீலியோவின் இந்தக் கருத்தை ஜெர்மன் நாட்டில் பிறந்த ஒரு விஞ்ஞானி மறுத்தார். அவர்தான் ஜொகன்னிஸ் கெப்ளர்.

கலீலியோவைக் காட்டிலும் கெப்ளர் ஏழு வயது சிறியவர். ஜெர்மன் நாட்டில் பிறந்து, ஆஸ்டிரியாவில் கணிதப் பேராசிரியராகப் பணி புரிந்து வருபவர். கலீலியோவைப் போலவே இவரும் இயற்பியலில் மிகுந்த ஆர்வம் கொண்டவர். கெப்ளர் கலீலியோவின் கருத்தை மறுத்து, அதற்கு அவர் கொடுக்கும் விளக்கத்தைப்

"Johannes Kepler"

பார்க்கும் முன்பு.... கலீலியோவுக்கும், கெப்ளருக்கும் உள்ள நெருக்கத்தைத் தெரிந்துகொள்ள வேண்டும்.

கலீலியோ தன் கண்டுப்பிடிப்பெல்லாம் சரி என்று நம்புபவர் அல்ல. அவர் எதைக் கண்டுபிடித்தாலும் தன் சக விஞ்ஞானிகளின் கருத்துகளைக் கேட்பார். அப்படி, கலீலியோ கருத்து கேட்கும் சக விஞ்ஞானிகளில் கெப்ளரும் ஒருவர். அவரின் கருத்துக்கு கலீலியோ தனி முக்கியதுவம் கொடுப்பார். ஒரு முறை, கலீலியோ தனது டெலஸ்கோப் மூலம் ஜூபிட்டர் கிரகத்தைச் சுற்றியிருக்கும் நான்கு நட்சத்திரத்தின் குறிப்புகளை ஒரு நூலாக (Starry Messanger) எழுதி கெப்ளருக்கு அனுப்பியிருந்தார். கலீலியோ தன் கருத்துக்கு முக்கியத்துவம் கொடுத்ததில் மிகுந்த மகிழ்ச்சியடைந்த கெப்ளர், 'Starry Messanger' குறிப்புகளைப் படித்து தனது பதிலை கலீலியோவுக்கு அனுப்பியிருந்தார். அது மட்டுமல்லாமல், கலீலியோவுக்கு எழுதிய பதிலை 'Conversation with Starry Messanger' சிறு நூல் குறிப்பையும் வெளியிட்டார். அந்த அளவிற்கு இருவருக்குள்ளும் நல்ல சுமுகமான உறவு இருந்து வந்துள்ளது.

இப்படிப்பட்ட நிலையில் கலீலியோ கெப்ளரிடம் "கடல் அலை வருவது பூமி சூரியனைச் சுற்றுவதால்தான்" என்று கூறிய போது அதை மறுத்ததோடு இல்லாமல் சரியான விளக்கமும் கொடுத்தார். கலீலியோ சொல்லுவது உண்மையாக இருந்தால் கடலில் ஒரு நாளுக்கு ஒரு முறைதான் அலை வரும். கெப்ளர் "சூரியனில் இருந்து வரும் ஒளி வீச்சு மூலமாகப் பூமி சுற்றுகிறது" என்றார். அதோடு "மற்ற கிரகங்களும் சூரியனைச் சுற்றுவதற்குக் காரணம் அதிலிருந்து வரும் ஒளி வீச்சு" என்றார்.

பிரபஞ்சத்தைப் பற்றி கெப்ளர் கூறிய இரண்டு தத்துவம்தான் அவரின் புகழை வானளவில் உயர்த்தியது. "பிரபஞ்சத்திலுள்ள ஒவ்வொரு கிரகங்களையும் இயக்கும்

ஒரே சக்தி சூரியன்" என்றார். இதை கெப்ளர் முதல் தத்துவம் என்று அழைத்தனர். அதன் பின் வில்லியம் கில்பர்ட் தத்துவத்தை அடிப்படையாகக் கொண்டு சூரியனுக்கும், மார்ஸ் கிரகத்துக்கும் உள்ள இடைவெளியை வைத்து, மார்ஸ் கிரகத்தின் வளையத்தைக் கணித்தார். அதே போல், சூரியனுக்கும், பூமிக்கும் உள்ள இடைவெளியை வைத்துச் சுற்றி வரும் வெளிப்பாதையைக் கண்டுபிடிக்கும் முயற்சியில் இறங்கினார். சூரியனுக்கும், கிரகங்களுக்கும் உள்ள இடைவெளிதான் அந்த கிரகங்களை வேகமாகவோ அல்லது மெதுவாகவோ சுற்ற வைக்கிறது என்று விளக்கினார்.

ஒவ்வொரு கிரகங்களும் தனித்தனியாகச் செல்லும் வளைந்த வெளிப்பாதையைக் கணக்கிடும் முயற்சியில் பல தோல்விகளைக் கண்டார். நாற்பதுக்கும் மேல் தோல்விகளைக் கண்டாலும் மனம் தளராமல் கெப்ளர் ஒவ்வொரு கிரங்களும் சூரியனை முட்டை வடிவ வட்டத்தில் சுற்றி வருவதாக விளக்கினார். அது மட்டுமில்லாமல், "பிரபஞ்சத்தில் ஒவ்வொரு கிரகங்களும் அந்த வளையத்தில் ஒரே கால அளவில் சுற்றி வருகிறது" என்று தனது இரண்டாவது தத்துவத்தைக் கூறினார். பிரபஞ்சத்தைப் பற்றி கெப்ளர் கூறிய இந்த இரண்டு தத்துவங்களும் பலரை வியக்கச் செய்தது. இதனால், கெப்ளர் கலீலியோவை விடச் சிறந்து விளங்கினார்.

பிரபஞ்சத்தைப் பற்றி கலீலியோ கோப்பர்னியன் தியரி மூலம் உண்மையைக் கூறினார். ஆனால், கெப்ளர் பிரபஞ் சத்தை நமக்குக் கண் முன் படம் பிடித்துக் காட்டியுள்ளார். சூரியனுக்கும், கிரங்களுக்கும் உள்ள இடைவெளியை அளக்கும் அளவிற்கு அறிவுத் திறன் படைத்தவராக கெப்ளர் இருந்தார். இதனால், 'இயற்பியலின் தந்தை' என்ற பெயர் கலீலியோவை விட கெப்ளருக்குத்தான் மிகவும் பொருந்தியிருந்தது.

கெப்ளரின் புகழ் கலீலியோவை மறைக்கவில்லை. மறைக்கவும் முடியாது. 'இயற்பியலின் தந்தை' என்பது வெறும் அடைமொழி மட்டுமே. மத குருமார்களை எதிர்க்கும் துணிச்சல், தைரியம் கலீலியோவுக்கு இல்லையென்றால் மற்ற விஞ்ஞானிகளும் பிரபஞ்சத்தைப் பற்றிய உண்மையை ஆராயாமல் இருந்திருப்பார்கள்.

☯

வி கேன் புக்ஸ் பிற வெளியீடுகள்

வாழ்க்கை வரலாறு

* ஹிட்லர் : ஒரு நல்ல தலைவர் – குகன் ரூ. 70
  பாரதி கவிதாஞ்சன்
* ஜெ.ஜெ : தமிழகத்தின் இரும்புப் பெண்மணி – குகன் ரூ. 90
* இனப் படுகொலைகள் – குகன் ரூ. 150
* ஸ்டீஃபன் ஹாக்கிங் : – தாரகேஷ்வர் ரூ. 70
* ஹர்ஷத் மேத்தா என்னும் பணச்சாத்தான் – குகன் ரூ. 133
* கலைஞர் நினைவலைகள் 100
     – தொகுப்பாசிரியர்: குகன் ரூ. 80

அரசியல்

* இருவர் : எம்.ஜி.ஆர் vs கருணாநிதி உருவான கதை
  குகன் ரூ. 160
* காவிரி ஒப்பந்தம் : புதைந்த உண்மைகள்
  – வழக்கறிஞர் சி.பி.சரவணன் ரூ.170
* ஆன்மீக அரசியல்
  – வழக்கறிஞர் சி.பி.சரவணன் ரூ. 200

பொது

* RAW : இந்திய உளவுத்துறை – குகன் ரூ. 160
* டிஜிட்டல் மாஃபியா – வினோத் ஆறுமுகம் ரூ. 120
* CBI ஊழலுக்கு எதிரான முதல் அமைப்பு – குகன் ரூ. 130
* இந்திய அரண்கள் – குகன் ரூ. 110
* கார்பரேட் சாமியார்கள் – குகன் ரூ. 130
* கிரிப்டோகரன்ஸி – வினோத் ஆறுமுகம் ரூ. 110
* டார்க்நெட் – வினோத்குமார் ஆறுமுகம் ரூ. 166
* உளவு ராணிகள் – குகன் ரூ. 110

மர்ம நாவல்

★ நந்தகுமார் தற்கொலை? – குகன் ரூ. 100

★ ஜெஹந்தா – பிரதீப் செல்லத்துரை ரூ. 120

★ கடவுள் என்னும் கொலைகாரன் – குகன் ரூ. 100

★ கற்பழித்தவனின் வாக்குமூலம் – குகன் ரூ. 120

மொழியாக்கம்

★ ஷெர்லாக் ஹோம்ஸின் சாகசக் கதைகள்
சர் ஆர்தர் கோனான் டாயில் – தமிழில்: குகன் ரூ. 390

★ ஷெர்லாக் ஹோம்ஸின் நினைவுக் குறிப்புகள்
சர் ஆர்தர் கோனான் டாயில் – தமிழில்: குகன் ரூ. 400